피어슨이 들려주는 두 집단의 비교 이야기

수학자가 들려주는 수학 이야기 43

피어슨이 들려주는 두 집단의 비교 이야기

ⓒ 김승태, 2008

초판 1쇄 발행일 | 2008년 10월 4일
초판 21쇄 발행일 | 2023년 1월 1일

지은이 | 김승태
펴낸이 | 정은영
펴낸곳 | (주)자음과모음

출판등록 | 2001년 11월 28일 제2001-000259호
주소 | 10881 경기도 파주시 회동길 325-20
전화 | 편집부 (02)324-2347, 경영지원부 (02)325-6047
팩스 | 편집부 (02)324-2348, 경영지원부 (02)2648-1311
e-mail | jamoteen@jamobook.com

ISBN 978-89-544-1587-3 (04410)

피어슨이 들려주는

두 집단의 비교 이야기

| 김 승 태 지음 |

자음과모음

수학자라는 거인의 어깨 위에서
보다 멀리, 보다 넓게 바라보는 수학의 세계!

수학 교과서는 대개 '결과'로서의 수학을 연역적으로 제시하는 경향이 강하기 때문에 학생들은 수학이 끊임없이 진화해 왔다는 생각을 하기 어렵습니다. 그렇지만 수학의 역사는 하나의 문제가 등장하고 그에 대해 많은 수학자들이 고심하고 이를 해결하는 가운데 새로운 아이디어가 출현해 온 역동적인 과정입니다.

〈수학자가 들려주는 수학 이야기〉는 수학 주제들의 발생 과정을 수학자들의 목소리를 통해 친근하게 이야기 형식으로 들려주기 때문에 학생들이 수학을 '과거 완료형'이 아닌 '현재 진행형'으로 인식하는 데 도움이 될 것입니다.

학생들이 수학을 어려워하는 요인 중의 하나는 '추상성'이 강한 수학적 사고의 특성과 '구체성'을 선호하는 학생의 사고의 특성 사이의 괴리입니다. 이런 괴리를 줄이기 위해서 수학의 추상성을 희석시키고 수학 개념과 원리의 설명에 구체성을 부여하는 것이 필요한데, 〈수학자가 들려주는 수학 이야기〉는 수학 교과서의 내용을 생동감 있게 재구성함으로써 추상적인 수학을 구체성을 갖는 수학으로 변모시키고 있습니다. 또한 중간중간에 곁들여진 수학자들의 에피소드는 자칫 무료해지기 쉬운 수학 공부에 있어 윤활유 역할을 할 수 있을 것입니다.

〈수학자가 들려주는 수학 이야기〉의 구성을 보면 우선 수학자의 업적을 개략적으로 소개하고, 6~9개의 강의를 통해 수학 내적 세계와 외적 세계, 교실 안과 밖을 넘나들며 수학 개념과 원리들을 소개한 후 마지막으로 강의에서 다룬 내용들을 정리합니다. 이런 책의 흐름을 따라 읽다 보면 각 시리즈가 다루고 있는 주제에 대한 전체적이고 통합적인 이해가 가능하도록 구성되어 있습니다.

〈수학자가 들려주는 수학 이야기〉는 학교 수학 교과 과정과 긴밀하게 맞물려 있으며, 전체 시리즈를 통해 학교 수학의 많은 내용들을 다룹니다. 예를 들어 《라이프니츠가 들려주는 기수법 이야기》는 수가 만들어진 배경, 원시적인 기수법에서 위치적 기수법으로의 발전 과정, 0의 출현, 라이프니츠의 이진법에 이르기까지를 다루고 있는데, 이는 중학교 1학년의 기수법의 내용을 충실히 반영합니다. 따라서 〈수학자가 들려주는 수학 이야기〉를 학교 수학 공부와 병행하면서 읽는다면 교과서 내용의 소화 흡수를 도울 수 있는 효소 역할을 할 수 있을 것입니다.

뉴턴이 'On the shoulders of giants' 라는 표현을 썼던 것처럼, 수학자라는 거인의 어깨 위에서는 보다 멀리, 넓게 바라볼 수 있습니다. 학생들이 〈수학자가 들려주는 수학 이야기〉를 읽으면서 각 수학자들의 어깨 위에서 보다 수월하게 수학의 세계를 내다보는 기회를 갖기 바랍니다.

홍익대학교 수학교육과 교수 | 《수학 콘서트》 저자 박 경 미

세상의 진리를 수학으로 꿰뚫어 보는 맛
그 맛을 경험시켜 주는 '두 집단의 비교' 이야기

현대 사회를 정보 사회라고 합니다. 정보를 빨리 얻는 것도 중요하지만, 얻은 정보를 신속히 정리하고 분석하여 어떤 사회적 경향이나 법칙을 발견하는 것도 대단히 중요합니다.

통계란 수많은 관찰의 결과로서 얻어지는 숫자입니다. 일정한 때와 장소의 집단적 현상을, 그 현상의 부분 하나하나에 대해 대량적으로 관찰하고 계량하여 그 결과를 수치로 나타내는 것을 말합니다.

통계는 우리의 일상과 밀접한 연관을 지니고 있어서 그 중요도가 매우 높습니다. 이러한 통계를 피어슨이라는 수학자를 통해 이야기 형식으로 그 의미를 전달한다는 것은 매우 유쾌한 일입니다.

평균을 중심으로 한 자료의 분포상태를 하나의 수로 나타낼 때, 이 값을 산포도라고 합니다. 산포도를 처음 접하는 우리 친구들은 나처럼 산에서 나는 포도로 오해할 수 있습니다. 산포도는 산에서 나는 포도만큼 달지는 않지만 통계에서는 매우 유익하게 쓰입니다. 산포도의 척도는 범위, 표준편차, 평균편차 등이 있습니다.

이 책은 학생들의 시각에서 통계에 대한 이야기를 다루고자 노력하였습니다. 이 책을 통해 학생들은 통계에 대한 또 다른 재미에 푹 빠져들 것입니다. 우리 모두 수학의 한 부분 한 부분을 재미나게 만들어 나가고 배우다 보면, 재미없고 딱딱하다는 수학이 옛말이 되는 날이 오리라 믿습니다.

　뒷부분에서는 우리가 일상생활에서 만나는 통계의 허와 실을 다루어 학습의 흥미를 더욱 높이도록 노력하였습니다. 아무쪼록 표준편차의 창시자인 피어슨과 떠나는 통계 여행이 정말 재미난 여행이 되었으면 하는 바람입니다.

2008년 9월 **김 승 태**

차례

1 이 책은 달라요

《**피어슨**이 들려주는 **두 집단의 비교** 이야기》는 영국의 수학자이자 유전학자인 피어슨이 중학교 3학년 과정의 통계에 대한 이야기를 들려줍니다.

통계학에서 다루는 자료는 어떤 특정한 현상주제, 사실을 조사하기 위하여 설계하고 계획한 실험에서 나옵니다. 실험 자료는 농업연구와 같은 분야에 흔히 있습니다. 통계학자들은 이미 나온 실험 자료를 분석하는 데만 관심이 있지 않고, 자원을 효과적으로 사용하고 주어진 문제를 실험으로 해결하기 위하여 처음부터 실험을 계획하는 데 관심이 있습니다.

설문지 조사에 있어서 가장 핵심적인 부분은 설문지 작성 요령입니다. 묻고자 하는 질문을 짧고 명확하게 물어야 하며, 응답자가 고민을 하지 않고 바로 대답할 수 있도록 구성해야 합니다. 이러한 정확한 자료를 수집하기 위해서 우리는 통계에 대해 알아야 할 필요를 느낍니다. 통계학의 대가인 피어슨이 중3의 통계를 재미나게 설명한 책입니다.

② 이런 점이 좋아요

1. 중학교 3학년 2학기에 다루어지는 통계 이야기를 학생들의 눈높이에 맞추어 설명을 하였습니다. 수학사에 대한 이야기도 다루고, 통계의 허와 실에 대한 재미난 에피소드도 들려줍니다.
2. 통계의 아버지라고 할 수 있는 수학자 피어슨이 등장하여 우리 학생들과 이야기하는 방식으로 꾸며져 있습니다.
3. 이 책은 일반인들이 읽어도 무방한 통계에 대한 이야기입니다. 중간중간 재미난 위트와 재치 있는 구성으로 이루어져 있습니다.

③ 교과 과정과의 연계

구분	단계	단원	연계되는 수학적 개념과 내용
중학교	9-나	통계	상관관계
	9-나	통계	상관도와 상관표
고등학교	10-가	대푯값과 산포도	산포도
	10-가	대푯값과 산포도	편차의 뜻, 분산과 표준편차

첫 번째 수업 _ 두 집단의 비교

평균과 가평균에 대해 알아봅니다.

- 선수 학습

  - 변량 : 자료를 수량으로 나타낸 것

  - 도수분포표 : 전체의 자료를 몇 개의 계급으로 나누고, 각 계급에 속하는 도수를 조사하여 나타낸 표를 도수분포표라 합니다.

  - 계급 : 변량을 일정한 간격으로 나눈 구간

  - 계급의 크기 : 일정하게 나누어진 구간의 너비

  - 도수 : 각 계급에 속하는 자료의 수

  - 계급값 : 계급의 중앙의 값

  - 히스토그램 : 도수분포표에서 계급을 가로축, 도수를 세로축으로 하여 그려진 직사각형 모양의 그래프를 히스토그램이라 합니다. 히스토그램에서는 가로축에 각 계급의 양 끝값을 쓰지만, 막대그래프는 변량을 막대의 밑변에 씁니다.

  - 중앙값 : 변량을 크기 순서로 세울 때, 중앙에 오는 값을 그 자료의 중앙값이라고 합니다.

  - 최빈값 : 도수분포표에서 도수가 가장 큰 계급의 계급값을 그 자

료의 최빈값이라고 합니다.

- 공부 방법

평균은 $\dfrac{(변량의 합)}{(변량의 개수)}$ 을 통해 구합니다.

$(평균)=(가평균)+\dfrac{\{(변량)-(가평균)의 총합\}}{변량의 개수}$

- 관련 교과 단원 및 내용

중학교 때 배우는 평균과 가평균을 용어 중심으로 배워 봅니다.

두 번째 수업 _ 산포도

산포도와 분산에 대해 공부합니다.

- 선수 학습

- 산포도 : 변량들이 흩어져 있는 정도를 하나의 수로 나타낸 값을 산포도라고 합니다. 산포도의 종류에는 표준편차, 평균편차, 사분편차, 범위가 있습니다.

표준편차는 다음에서 배울 것이고 평균편차는 각 변량의 편차의 절댓값의 평균입니다. 사분편차는 전체 변량을 크기순으로 늘어 놓을 때, $\dfrac{1}{4}$번째의 변량을 Q_1, $\dfrac{3}{4}$번째의 변량을 Q_3라고 하면, 사분편차 Q는 $Q=(Q_1+Q_3)\div 2$입니다. 범위는 변량 중 가장 큰 값과 가장 작은 값의 차입니다.

- 분산 : 자료나 어떤 확률분포의 흩어진 정도를 나타내는 하나의 측도. 이때 자료나 확률분포가 흩어진 정도를 산포도라고 합니

다. 분산의 양의 제곱근인 표준편차도 산포도에 해당합니다. 분산의 값이 클 때에는 자료 값이 넓게 분포되어 있는 것이고, 반대로 분산의 값이 작을 때에는 자료 값이 밀집되어 있는 것입니다.

• 공부 방법

－어떤 자료가 있을 때, 각 변량에서 평균을 뺀 값을 그 변량의 편차라고 합니다. 즉 편차는 다음과 같은 표현으로 나타낼 수 있습니다.

　(편차)＝(변량)－(평균)

－일반적으로 자료에서 각 변량이 평균 가까이 집중되어 있으면 흩어져 있는 정도가 작습니다. 이때는 산포도가 작다고 합니다. 그리고 평균에서 멀리 떨어져 있으면 흩어져 있는 정도가 크고 산포도가 크다고 합니다. 산포도에는 여러 가지가 있으나 가장 많이 쓰는 것은 분산과 표준편차입니다.

• 관련 교과 단원 및 내용

고등학교 때 배우는 분산과 표준편차를 공부합니다.

세 번째 수업_컴퓨터를 이용하여 평균과 표준편차 알아보기

컴퓨터를 이용하여 평균과 표준편차를 알아봅니다.

• 선수 학습

－평균 : 한 집단을 이루는 수나 양을 대표하는 하나의 수. 평균은

각 자료의 수를 더한 총합을 자료의 총 개수로 나눈 값입니다. 한 집단의 수를 대표하는 값으로 평균뿐만 아니라 중앙값, 최빈값 등도 있습니다.

중앙값은 자료를 크기순으로 배열했을 때, 가운데에 있는 값입니다. 최빈값은 자료의 수 중에서 가장 자주 나타나는 수입니다.

– 표준편차 : 분산의 양의 제곱근. 1893년에 영국의 수학자인 피어슨이 처음 소개한 용어입니다. 모집단이나 표본의 산포도를 나타낼 때에는 여러 가지 우수한 통계적 성질을 갖고 있는 분산이라는 개념을 많이 이용합니다. 하지만, 분산은 그 단위가 변량 단위의 제곱이 되는 단점이 있습니다. 그래서 원래의 변량과 단위를 일치시키고자 분산의 양의 제곱근을 표준편차로 정의하고, 분산과 함께 나타내는 측도로 많이 이용합니다.

• 공부 방법

– 엑셀을 이용하여 평균을 구하는 순서는 다음과 같습니다.

① 주어진 자료를 작업표의 A열에 입력하고 저장합니다.

② 메뉴에서 (삽입) → (함수)를 선택하여 나타난 함수 마법사 상자에서 함수 범주는 통계, 함수 이름은 AVERAGE를 선택합니다.

③ AVERAGE 대화상자의 Number1에 A열에 입력된 자료를 마우스로 끌어서 A1:A12가 나타나게 하면 상자의 하단에 평균값이 구해집니다.

– 엑셀을 이용하여 중앙값을 구하는 순서는 다음과 같습니다.

① 주어진 자료를 작업표의 A열에 입력하고 저장합니다.

② 메뉴에서 (삽입) → (함수)를 선택하여 나타난 함수 마법사 상자에서 함수 범주는 통계, 함수 이름은 MEDIAN을 선택합니다.

③ MEDIAN 대화상자의 Number1에 A열의 자료를 마우스로 끌어서 A1:A30이 나타나게 하면 상자의 하단에 중앙값이 구해집니다.

– 엑셀을 이용하여 최빈값을 구하는 순서는 다음과 같습니다.

① 주어진 자료를 작업표의 A열에 입력하고 저장합니다.

② 메뉴에서 (삽입) → (함수)를 선택하여 나타난 함수 마법사 상자에서 함수 범주는 통계, 함수 이름은 MODE를 선택합니다.

③ MODE 대화상자의 Number1에 A열의 자료를 마우스로 끌어서 A1:A30이 나타나게 하면 상자의 하단에 최빈값이 구해집니다.

• 관련 교과 단원 및 내용

고등학교 확률과 통계라는 선택과목에서 다루어지는 내용입니다.

네 번째 수업_상관관계

상관관계에 대해 알아봅니다.

• 선수 학습

– 두 변량 x, y 사이에 어떤 관계가 있을 때, 이러한 관계를 상관관
계라고 하고, 이때 두 변량 x, y 사이에는 상관관계가 있다고 합
니다.

– 상관관계와 기울기

상관관계는 상관도에 찍힌 점들의 기울기에 의해서 결정됩니다.

· 기울기가 양 : 양의 상관관계

· 기울기가 음 : 음의 상관관계

– 상관관계가 없는 경우

· 점들이 각 방향으로 고루 흩어져 분포되어 있습니다.

· 좌표축에 평행한 직선을 따라 분포되어 있습니다.

• 공부 방법

– 상관관계 : 한 대상에 대하여 서로 어떤 관계가 있을 것으로 예상
되는 두 자료 사이의 관계를 말합니다. 수학적으로 보면 구 변량
x, y 사이의 어떤 관계를 말하며, 상관도와 상관표를 보면 알 수
있습니다.

– 상관관계에는 양의 상관관계와 음의 상관관계가 있습니다.

양의 상관관계는 두 변량 사이에 한쪽이 커짐에 따라 다른 쪽도
대체로 커지는 관계입니다. 상관도에서는 점들이 오른쪽 위를 향
하는 직선의 주위에 분포점들이 마구 찍혀 있는 것되어 있습니다.

음의 상관관계는 두 변량 사이에 한쪽이 커짐에 따라 다른 쪽은 대체로 작아지는 상관관계입니다. 상관도에서는 점들이 오른쪽 아래를 향하는 직선의 주위에 분포되어 있습니다.

수학에서는 이러한 상관관계를 x와 y를 이용하여 말합니다.

- 상관관계는 상관도에서 점들이 흩어져 있는 상태를 통해 대략의 경향을 알아보는 것으로 수치적이 아닌 직관적으로 파악해야 합니다.

• 관련 교과 단원 및 내용

중학교 3학년에서 배우는 상관관계에 대해 공부합니다.

다섯 번째 수업 _상관도

상관도에 대해 알아보고, 상관도를 그리는 방법을 공부합니다.

• 선수 학습

- 상관도를 보고 읽는 방법에 대해서는 학교 시험에 자주 출제되므로 반드시 알아 두어야 합니다. 상관도가 순서쌍의 개념과 같음을 알고, 상관도를 그리는 연습과 읽는 방법을 충분히 익히도록 합니다.

- 상관도 : 두 변량 x, y가 어떤 관련성이 있는가를 알아보기 위하여 이들을 순서쌍으로 하는 점 (x, y)를 좌표평면 위에 나타낸 그래프

- 상관도에서 점들이 각 방향으로 고루 흩어져 있거나 좌표축에 평행한 직선을 따라 분포할 때, 두 변량 사이에는 상관관계가 없다고 합니다.
• 공부 방법
- 상관도란 두 변량 x, y 사이에 어떤 관련성이 있는가를 알아보기 위하여 두 변량 x, y를 각각 x좌표, y좌표로 하는 점 (x, y)를 좌표평면 위에 나타낸 그림입니다.
- 상관도 그리는 방법
① 한 변량을 x축, 다른 변량을 y축이라 하여 좌표평면을 만듭니다.
② 두 변량의 가장 작은 값과 가장 큰 값을 찾아 일정한 간격으로 나누어 각 축에 수를 적습니다. 자료가 주어졌을 때 하는 동작입니다.
③ 각 자료를 순서쌍 (x, y)로 만들어 점을 찍습니다.
• 관련 교과 단원 및 내용
중학교 3학년에서 다루는 상관도에 대해 자세히 알아봅니다.

여섯 번째 수업 _ 상관표

상관표에 대해 알아보고, 상관표를 작성하는 법을 배웁니다.

- 선수 학습
  - 상관표 : 두 변량의 도수분포표를 함께 나타내어 서로의 관계를 알아보기 쉽게 만든 표
  - 계급 : 변량을 일정한 간격으로 나눈 구간
  - 상관표는 두 변량의 분포 상태를 함께 살펴볼 수 있고, 상관도와 마찬가지로 두 변량의 상관관계를 알 수 있습니다.
  - 상관표 이용
    · 상관표의 한 칸의 수는 그 계급에 속하는 자료의 수를 나타내므로 상관표는 도수분포표의 역할을 합니다.
    · 분포 상태를 보고 상관관계의 경향을 알 수 있습니다.
  - 상관표에서 평균을 구할 때에는 필요한 부분만 따로 떼어 내어 그 부분의 도수분포표에서 구합니다.
  - 상관표는 상관도와 도수분포표의 역할을 동시에 합니다.
- 공부 방법

상관표를 만드는 방법에 대해 알아보도록 합니다.

① 각 변량의 계급의 크기를 정합니다. 계급이란 변량을 일정한 간격으로 나눈 구간을 말합니다.

② 가로는 오른쪽으로 갈수록, 세로는 위쪽으로 갈수록 변량의 값이 커지게 구간을 잡습니다.

③ 가로, 세로의 계급에 동시에 속하는 도수를 써 넣습니다.

④ 가로와 세로의 합계를 써 넣습니다.

⑤ 총합란에는 각 계급의 도수의 합계를 모두 더한 값을 씁니다. 도
  수란 각 계급에 속하는 자료의 수를 말합니다.

• 관련 교과 단원 및 내용

  중학교 3학년에서 다루는 상관표에 대해서 공부하고 작성법을 배워

  봅니다.

일곱 번째 수업_상관계수

상관계수에 대해 알아보고, 상관계수의 활용성을 살펴봅니다.

• 선수 학습

  통계학統計學은 응용 수학의 한 분야로서 명확하지 않은 관찰 결과

  를 수집하고 해석하는 작업을 포함합니다. 확률론은 통계 이론을

  정립하기 위한 필수 도구입니다. 통계학statistics은 확률을 뜻하는

  라틴어 단어인 statisticus로부터 유래하였습니다. 또한 정치가를

  뜻하는 이탈리아어인 statista로부터 유래했다는 설도 있습니다.

  많은 분야의 연구에서 주어진 문제에 대하여 적절한 정보자료, data

  를 수집하고 분석하여 해답을 구하는 과정은 아주 중요합니다. 이

  런 방법을 연구하는 과학의 한 분야가 통계학입니다.

  통계학을 필요로 하는 연구 분야는 농업, 생명과학, 환경과학, 산업

  연구, 품질보증, 시장조사 등 매우 많습니다. 또한 이러한 연구방식

은 기업체와 정부의 의사결정 과정에서 현저하게 나타납니다. 주어진 문제에 대하여 필요한 자료의 형태, 자료를 수집하는 방법, 문제에 대한 최선의 답을 구하기 위한 분석방법을 결정하는 것이 통계학자의 역할입니다.

• 공부 방법

– 상관계수

두 변량 x, y의 값을 (x_1, y_1), (x_2, y_2), $\cdots$, (x_n, y_n)이라 하고, 그 도수를 $f_1, f_2, \cdots, f_n$이라고 하면, x의 표준편차를 σ_x, y의 표준편차를 σ_y, 상관계수를 r이라 할 때 다음과 같은 식이 만들어집니다.

$$r = \frac{\sum (x_i - x)(y_i - y)}{N\sigma_x \sigma_y} = \frac{1}{N} \frac{\sum (x_i - x)(y_i - y)}{\sigma_x \sigma_y}$$

$|r| \leq 1$

$r > 0$이면 양의 상관관계

$r < 0$이면 음의 상관관계

$|r| > 0.5$이면 높은 상관관계

$|r| < 0.3$이면 낮은 상관관계

• 관련 교과 단원 및 내용

교과과정에는 없으나 옛날 통계에서 살짝 소개된 내용입니다.

여덟 번째 수업_통계의 허와 실

통계에 대해 알아봅니다.

- 선수 학습

 – 퍼센트 : 백분비라고도 합니다. 전체의 수량을 100으로 하여, 생각하는 수량이 그 중 몇이 되는가를 가리키는 수퍼센트로 나타냅니다. 기호는 %입니다. 이 기호는 이탈리아어 cento의 약자인 %에서 왔습니다. 100분의 10.01이 1%에 해당합니다. 오래 전부터 실용계산의 기준으로 널리 사용되고 있습니다.

 – 여사건 : 어떤 시행에서 사건 A에 대하여 'A가 일어나지 않는다' 라는 사건을 사건 A의 여사건이라 하고 A^c로 나타냅니다. 사건 A와 사건 A^c는 서로 배반사건입니다. 이를테면 한 개의 주사위를 던지는 시행에서 사건 $A=\{1,\ 3,\ 5\}$의 여사건은 $A^c=\{2, 4,\ 6\}$이고, 이 두 사건은 서로 배반합니다.

 – 확률 : 하나의 사건이 일어날 수 있는 가능성을 수로 나타낸 것으로 같은 원인에서 특정의 결과가 나타나는 비율을 뜻합니다.

- 공부 방법

 – 여사건의 확률＝(전체 사건의 확률)−(반대 사건의 확률)

 – 전체 사건의 확률은 언제나 1이 됩니다.

- 관련 교과 단원 및 내용

 중학교 3학년과 고등학교에서 배우는 통계를 주로 다루고 있습니다.

아홉 번째 수업 _ 평균에 대한 허와 실

평균에 대한 이야기를 알아봅니다.

- 선수 학습
  - 프로크루스테스는 '늘이는 자' 또는 '두드려서 펴는 자'를 뜻하며 폴리페몬 또는 다마스테스라고도 합니다. 아테네 교외의 케피소스 강가에 살면서 지나가는 나그네를 집에 초대한다고 데려와 쇠 침대에 눕히고는 침대 길이보다 짧으면 다리를 잡아 늘이고 길면 잘라 버렸습니다. 아테네의 영웅 테세우스에게 자신이 저지르던 악행과 똑같은 수법으로 죽임을 당하였습니다.
  이 신화에서 '프로크루스테스의 침대' 및 '프로크루스테스 체계'라는 말이 생겨났습니다. 이것은 융통성이 없거나 자기가 세운 일방적인 기준에 다른 사람들의 생각을 억지로 맞추려는 아집과 편견을 비유하는 관용구로 쓰입니다.

- 공부 방법

  한 집단을 이루는 수나 양을 대표하는 하나의 수로써 평균을 알아봅니다.

- 관련 교과 단원 및 내용

  고등학교에서 다루는 평균에 대해 알아봅니다.

피어슨을 소개합니다

Karl Pearson (1857~1936)

나는 통계학자입니다.

통계학의 수학적 기초를 확립하였답니다.

하지만 나의 연구는 생물학에도 큰 공헌을 하였습니다.

내가 쓴 책은 정치가 레닌, 과학자 아인슈타인 등

다른 사람들에게도 많은 영향을 주었습니다.

'신은 주사위를 굴린다.'

내가 한 말입니다.

 여러분, 나는 피어슨입니다

두 집단이 있습니다. 그들은 춤을 추는 동아리입니다. 누가 더 춤을 잘 추는지 구경을 합니다. 그들이 나에게 묻습니다.

"당신은 누구시죠?"

나는 두 집단을 비교하는 통계학자 칼 피어슨입니다. 그들은 내가 두 집단을 비교하는 통계학자라고 하니 서로 경쟁에서 지지 않으려고 춤을 멈추지 않고 열심히 춥니다. 하하하.

나를 모르는 사람도 있고 하니 내가 내 자신을 직접 소개하겠습니다. 나는 1879년 케임브리지 대학을 졸업하였습니다. 유명한 대학이지요. 1884년 런던대학의 응용수학 및 역학과 교수가 되었습니다. 그 후 콜튼이 부탁하여 통계학의 수학적 기초를 확립하는 일에 전념하여 상관이론을 완성하였습니다. 그래서 좀 이따가 상관관계를 말해 줄 것입니다.

나는 1890년에 동물학 교수 웰던과 같이 생물들이 나타내는 여러 가지 성질을 통계적으로 연구하는 생물측정학을 연구했습니다. 부모의 형질이 자손에게 전해지는 유전법칙의 타당성을 검사하고 증명하기 위해 나는 새로운 통계적 방법을 이용했습니다. 정말 신나는 연구였습니다.

이 때문에 사람들은 수학자인 내가 생물학에 커다란 공로를 세웠다고들 말한답니다. 내가 지어낸 소리가 절대 아닙니다. 부끄럽군요.

나는 런던대학의 수학과 교수지만 변호사 자격증도 가지고 있습니다. 다른 사람들의 죄를 자로 잰 듯이 가려낼 수 있어요. 그러니 여러분도 나쁜 짓 하지 마세요.

1892년《과학의 근본 원리》라는 과학철학서적을 출간했습니다. 그 책에는 수학, 기하학, 통계학, 물리학에서부터 법학과 정치학, 신학, 문학, 미술에 이르기까지 다 다루고 있습니다. 최고의 과학서 중 하나로 평가받지요. 이것 역시 내가 한 평가가 아닙니다. 또 부끄럽네요.

레닌이라는 소련의 정치가도 내 책을 인용하였고 아인슈타인의 상대성이론도 여기에서 영향을 받았다고 합니다.

　아직도 내가 한 말을 따라 하는 사람들이 있습니다.

　'신은 주사위를 굴린다.'

　자, 너무 깊게 생각하지 말고 통계는 위대하다고 생각하면 됩니다. 이제부터 이런 통계를 배워 보겠습니다. 나를 도와줄 사람을 소개합니다. 동아리에서 춤을 추다가 중학교 3학년이 되어 공부를 시작한다며 탈퇴한 박군입니다. 그는 브레이크 댄스를 이용하여 꺾은선그래프를 보여줍니다. 정말 신기합니다. 꺾은선그래프도 통계를 나타내는 그래프 중 하나입니다.

피어슨이 들려주는 두 집단의 비교 이야기

두 집단의 비교

평균의 개념을 이해하고, 도수분포표와 가평균을
이용해 평균을 구하는 방법을 알아봅니다.

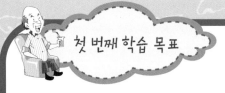

1. 평균에 대해 알아봅니다.
2. 가평균에 대해 알아봅니다.

미리 알면 좋아요

1. **변량** 자료를 수량으로 나타낸 것
2. **도수분포표** 전체의 자료를 몇 개의 계급으로 나누고, 각 계급에 속하는 도수를 조사하여 나타낸 표를 도수분포표라 합니다.
3. **계급** 변량을 일정한 간격으로 나눈 구간
4. **계급의 크기** 일정하게 나누어진 구간의 너비
5. **도수** 각 계급에 속하는 자료의 수
6. **계급값** 계급의 중앙의 값
7. **히스토그램** 도수분포표에서 계급을 가로축, 도수를 세로축으로 하여 그려진 직사각형의 모양의 그래프를 히스토그램이라 합니다. 히스토그램에서는 가로축에 각 계급의 양 끝값을 쓰지만, 막대그래프는 변량을 막대의 밑변에 씁니다.
8. **중앙값** 변량을 크기 순서로 세울 때, 중앙에 오는 값을 그 자료의 중앙값이라고 합니다.
9. **최빈값** 도수분포표에서 도수가 가장 큰 계급의 계급값을 그 자료의 최빈값이라고 합니다.

피어슨의
첫 번째 수업

통계라는 것은 합리적인 의사 결정을 도와주는 힘이 있습니다. 예를 들어 집에서 학교까지 가는 두 버스 40번과 139번이 있습니다. 집에서 학교까지 가는 데 걸리는 시간은 40번 버스와 139번 버스 모두 평균 20분입니다.

40번 버스가 가는 노선은 거리는 짧지만 교통체증이 자주 발생하고 139번 버스는 노선은 길지만 교통체증이 거의 없습니다. 그래서 교통체증이 없는 날에는 40번을 이용하는 것이 유리할 것입니다. 하지만 교통체증이 심한 날은 139번을 이용하는 것이 좀 더 유리할 것입니다. 이것은 두 버스를 이용할 때 걸리는 시간의 평균은 같지만 그 분포 상태가 다르다고 할 수 있습니다.

좀 더 생각을 해 보도록 합니다. 학교 수업 시간 25분 전에 집에서 학교로 가는데 40번 버스를 타야 지각을 적게 할까요, 아니면 139번 버스를 타야 지각을 적게 할까요?

옛날 경험을 비추어서 생각해 보면, 139번 버스를 다섯 번 탔을 경우 다섯 번 모두 25분 안에 교실에 도착하였습니다. 그러나 40번 버스를 타면 세 번만 25분 안에 교실에 도착할 수 있었습니다. 그렇다면 선택의 여지가 없습니다. 우리는 불친절하지만 139

번 버스를 이용할 수밖에 없습니다. 중학생인 친구에게 혹시 어른 아니냐며 가끔 물어 보기도 하는 의심 많은 운전기사 아저씨의 차입니다.

그렇다면 어제 컴퓨터 오락을 하느라고 늦잠을 자서 학교 수업 시간 15분 전에 집에서 학교로 출발하게 되었다면, 어떤 버스를 이용해야 할까요? 139번 버스는 학교까지 가는 것이 항상 20분 전후로 비슷합니다. 그래서 15분 이후에 도착할 가능성이 큽니다.

하지만 40번 버스는 20분을 기준으로 학교까지 가는 데 걸리는 시간의 차이가 커서 15분 이내로 학교에 도착할 가능성이 139번 버스보다 높습니다. 그리고 139번 버스 기사아저씨보다 잘생겼고 친절합니다. 가끔은 뽕짝이지만 노래도 틀어 줍니다. 따라서 지각을 하지 않기 위해서는 40번 버스를 이용하는 것이 훨씬 더 유리합니다.

즉 평균이 같더라도 분포의 흩어져 있는 정도는 다를 수 있으므로, 흩어진 정도를 나타낼 수 있는 통계값을 생각해 보아야 한다는 것을 알 수 있습니다.

앞에서 평균이라는 말이 나왔습니다. 평균, 제법 자주 듣던 소리입니다. 자료 전체의 특징을 하나의 수로 나타내는 값으로는 중앙값, 최빈값, 평균 등이 있습니다. 그 중에서 평균을 가장 많이 사용하고 있습니다.

평균은 변량의 총합을 변량의 총 개수로 나눈 값입니다. 이때 박군이 총 개수라고 하니까 군인아저씨들이 총을 들고 들어왔냐면서 물어 옵니다. 하하. 여기서 말하는 총 개수는 쏘는 총이 아니라 전체의 개수를 말합니다. 그리고 변량 역시도 똥의 양을 말하는 것이 아니라 자료를 수량으로 나타낸 것을 말합니다. 나중에 예를 들어 보면 변량이 똥인지 된장인지 알게 될 것입니다.

(중앙값)

중앙값 : 통계에서 자료를 크기 순으로 배열했을 때 중앙에 있는 값

피어슨이 들려주는 두 집단의 비교 이야기

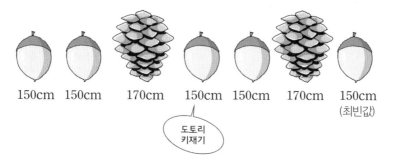

150cm 150cm 170cm 150cm 150cm 170cm 150cm
(최빈값)

도토리
키재기

최빈값 : 자료값 중에서 가장 자주 나타나는 값, 150cm

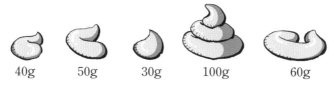

40g   50g   30g   100g   60g

변량 : 자료를 수량으로 나타낸 것

평균을 알아보기 전에 중앙값과 최빈값에 대해서 섭섭하지 않게 살짝 알려주고 평균을 구해 보겠습니다.

중앙값은 변량의 크기순으로 나열했을 때, 중앙에 위치하는 값입니다. 그리고 최빈값은 개수가 가장 많은 값을 말합니다. 원래용어 풀이는 '도수가 가장 높은 계급의 계급값'이라고 하는데 말이 너무 어려워서 좀 더 쉽게 내가 풀이한 것입니다. 피어슨은 친절한 수학자라고 주변에 소문 좀 내 주세요.

이제 평균에 대해 알아보겠습니다.

박군이 나서서 자료를 준비합니다. 다음은 박군이 옛날에 몸을
담았던 두 동아리 사람들의 몸무게입니다.

힙　합 동아리 : 80, 75, 85, 95, 80

비보이 동아리 : 80, 85, 90, 85, 80

(단위: kg)

피어슨이 들려주는 두 집단의 비교 이야기

몸무게들이 엄청 나갑니다. 그러니 대회에 나가면 매번 꼴찌를 합니다. 저 몸무게로 기술을 하니까 여간 힘든 것이 아닙니다.

위와 같은 자료가 주어져 있을 때, 그 자료를 정리하여 도수분포표나 히스토그램을 만들어 자료 전체의 분포 상태를 알 수 있습니다. 도수분포표와 히스토그램은 잠시 후에 정리하겠습니다. 일단 설명의 맥이 끊어지면 안 되니까 평균 구하기를 계속 설명하지요.

힙합 동아리에서 80, 75, 85, 95, 80을 변량이라고 합니다. "그들은 다 변을 누니까 변량이라고 하는 것이 아닐까요?" 하고 박군이 물어 옵니다. 자꾸 그런 소리하면 박군을 김군으로 바꾸어 수업을 할 거라고 하니까 조용해집니다.

일단 힙합 동아리의 몸무게 평균을 구해 보겠습니다. 평균은 $\dfrac{\text{변량의 합}}{\text{변량의 개수}}$ 을 통하여 구할 수 있습니다. 변량의 합이라는 말을 보고서 박군은 무엇을 혼자 상상했는지 찡그리며 코를 잡습니다.

$$\text{힙합 동아리 몸무게의 평균} = \frac{80 + 75 + 85 + 95 + 80}{5 \ \text{5명이니까 5로 나눕니다}} = 83$$

힙합 동아리의 평균 몸무게는 83kg입니다. 같은 방법으로 비보이 동아리 몸무게의 평균을 구해 보겠습니다.

$$비보이 동아리 몸무게의 평균 = \frac{80+85+90+85+80}{5} = 84$$

비보이 동아리의 평균 몸무게는 84kg입니다. 몸무게가 어지럽게 널려있을 때는 어떤 동아리가 더 무거운지 알기가 쉽지 않았지만 평균이라는 자료 전체의 특징을 하나의 수로 나타내 보니 쉽게 알 수 있어서 편리합니다. 비보이 동아리가 1kg 더 나가네요. 겨우 1kg이라고 할 수도 있겠지만.

그래도 평균 1kg은 적은 것이 아닙니다. 변량으로 따지면 5kg이나 더 나가는 것이 되니까요. 소고기를 5kg 산다면, 그것도 한우로 사면 돈이 얼마입니까? 평균이란 전체 변량의 값을 합하여 변량의 개수로 나눈 값입니다.

변량의 개수를 나눈다고 하니까 박군이 또 코를 손으로 막습니다. 박군은 도대체 무슨 상상을 하는지……

여기서 잠시 시간이 나네요. 히스토그램과 도수분포다각형에 대해 설명을 하려다가 그림으로 바로 보여 주는 것이 더 좋겠다 싶어 보여 줍니다.

피어슨이 들려주는 두 집단의 비교 이야기

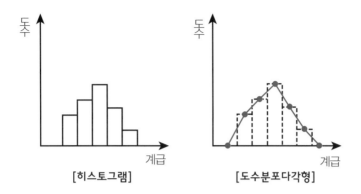

[히스토그램]　　　　　[도수분포다각형]

　이때 히스토그램을 가만히 쳐다보던 박군이 갑자기 불같이 화를 내며 욕을 합니다. 왜 그랬는지 잘 모르겠습니다. 히스토그램을 손가락 모양으로 오해했나 봅니다. 뭐 눈에는 뭐만 보인다는 말이 꼭 맞는 것 같습니다.

　다음 자료의 평균을 구해 봅니다. 이번에는 좀 다른 형태의 자료입니다.

몸무게(kg)	60	70	80	90	100	합계
사람 수(명)	2	2	3	2	1	10

　이 자료를 보고 평균을 구하려고 하면 사람 수가 10명이니까 10으로 나누는 것은 분명한데 문제는 변량의 총합을 구하는 것

이 약간 껄끄럽습니다. 일단 계산하는 과정을 보고 설명을 하겠습니다.

$$\frac{60\times2+70\times2+80\times3+90\times2+100\times1}{10}$$

몸무게가 같은 사람들의 수를 곱해서 더합니다. 이런 경우에는 이렇게 계산해야 합니다. 80인 사람은 3명이니까 당연히 80×3을 해야겠지요. 그렇게 계산해 보면 몸무게의 평균은 78kg이 나옵니다.

다음은 도저히 춤추기 힘든 몸무게의 학생이 6회에 걸쳐 몸무게를 잰 표입니다.

회차	1	2	3	4	5	6
몸무게	82	88		94	96	97

몸무게를 잰 값의 평균이 92kg일 때, 3회차의 몸무게는 얼마나 나가겠습니까?

여러분, 수학에서 모르는 부분을 x라고 두는 것을 알고 있나요? 모른다면 이 방법을 기억해 두세요. 수학에서 모르는 값은 x

라고 나타낼 수 있습니다. x로 두고 식을 만들어 풀면 아주 편리합니다.

그럼 3회 차를 x라고 두겠습니다. x라고 둔다는 의미는 상당히 중요한 것입니다. 콜럼버스의 달걀과 같은 의미를 가집니다.

평균이 92라고 나와 있으니 이것을 이용하여 식을 만들어 보겠습니다.

$$92_{평균} = \frac{82+88+x+94+96+97}{6} = \left(\frac{변량의\ 합}{변량의\ 개수} \right)$$

위 식을 우리가 먹기 좋게 간단히 만들어 정리합니다. 92는 우변 분모에 있는 6을 불러와서 곱하고 분자는 더해서 정리합니다. 시키는 대로 해 보세요. 편합니다.

$552 = 457 + x$입니다. 따라서 $x = 95$가 됩니다. 우리는 이 학생의 몸무게가 점점 늘어나고 있다는 것을 알 수 있습니다. 그래서 어디 춤을 추겠습니까?

지금 배우고 있는 평균에도 가짜란 것이 있습니다. 이름하여 가평균이란 것입니다. 하지만 이 가평균을 이용하여 평균을 구할 수 있습니다. 가짜라고 해서 다 소용없는 것은 아닙니다.

예를 들어 평균을 구할 때, 전체 변량의 합을 계산하기 복잡한 경우가 많습니다. 이런 경우에는 대강의 평균을 미리 가정하고, 이것을 기준으로 각 변량에 대한 과부족많고 적음의 평균을 구하여 계산합니다. 그럼 우리가 계산해야 할 수의 크기가 작아지면서 계산이 편리하게 됩니다.

이때, 미리 가정한 대략의 평균을 가짜 평균, 즉 가평균이라 합니다. 가평균을 어떤 값으로 정하여도 평균은 변함이 없지만 될 수 있는 대로 평균에 가까운 값으로 정하는 것이 계산하기 편리합니다. 가평균을 이용하여 평균을 구할 때에는 다음과 같은 식으로 구합니다.

중요 포인트

$$(평균) = (가평균) + \frac{\{(변량) - (가평균)\}의\ 총합}{변량의\ 개수}$$

식만 딱 나왔으니 박군처럼 1, 2학년 때 공부를 안 한 친구는 이해하기 좀 힘들 수도 있습니다. 그래서 쉬운 문제 하나를 풀면서 이해하도록 합니다.

다음은 박군이 친구들과 다트 판에 5회에 걸쳐 다트를 던져 맞은 점수를 기록한 것입니다.

$$7, \quad 4, \quad 6, \quad 9, \quad 5$$

위에서 6점을 기준으로 하여 각 점수와의 과부족을 계산해 보 겠습니다. 아래 표에 한눈에 알 수 있도록 정리합니다.

점수(점)	7	4	6	9	5
과부족(점)	1	−2	0	3	−1

이 과부족이란 문명의 냄새가 나지 않는 원시 부족을 말하는 것이 아니라 6점과의 점수 차이를 말합니다. 7은 6보다 1이 많 으므로 1이라고 쓰고 4는 6보다 2가 부족하므로 −2로 두는 것 을 과부족이라고 합니다. 그런 사실을 모르고 있던 박군은 원시 부족인 줄 알고 좀 두려워했다고 나에게 살짝 귀띔해 줍니다. 사 람은 그래서 배워야 하는 것입니다. 과부족의 정체를 알고 난 박 군의 얼굴에는 다시 혈액이 잘 돕니다.

일단 과부족의 평균을 구하기 전에 각목사각형의 나무으로 만들 어진 그림을 살짝 살펴봅니다.

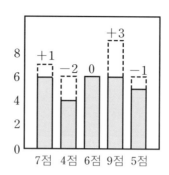

그렇습니다. 이것을 막대그래프로 생각하는 사람이 있는 반면에 박군 같은 이는 각목이라고 말하기도 합니다. 하지만 이 그림을 보면 6을 기준으로 더 많고 적음이 잘 나타나 있습니다. 많고 적은 부분들이 과부족입니다. 그들의 평균을 구해 보겠습니다.

$$\frac{1+(-2)+0+3+(-1)}{5}=0.2(\text{점})$$

여기서 0.2가 바로 과부족의 평균입니다. 이것을 통하여 실제 평균은 우리가 잡은 가평균보다 0.2가 높다는 것을 알 수 있습니다. 그래서 실제 평균은 6+0.2=6.2입니다.

이와 같이 평균을 구할 때 평균에 가깝다고 생각되는 대략의 값을 미리 가정하고, 이것과 각 변량에 대한 과부족의 평균을 구

하여 더하면 진짜 평균이 나오는 편리함을 살갗을 통해 느낄 것입니다.

가평균은 어떤 값을 정하더라도 구하는 평균은 같아집니다. 가짜는 결코 진짜를 이길 수가 없듯이 말입니다. 그래서 하는 말인데 가짜 평균, 가평균을 잡을 때 이왕 잡는 거 되도록 쉬운 수를 잡거나 감각을 최대한 키워서 평균에 가까운 수를 잡는 것이 좋습니다.

이제 도수분포표에서 평균을 구하는 것을 배워 보겠습니다. 이때 갑자기 박군이 데리고 있던 학생들이 나타나서 이제 공부 그만하자며 나에게 항의를 합니다. 하지만 박군이 너희들은 상관마라고 하자 그들은 꼼짝 못합니다. 동아리에서 위계질서 하나는 확실합니다. 그래서 나는 계속 문제를 풀어 나갑니다.

다음 자료의 평균을 구해 보는 문제입니다.

8, 5, 10, 6, 7, 10, 6, 8, 6, 5

그런데, 그 무리 중의 한 학생이 말합니다.

"몽땅 더해서 나눠 버려요."

나는 녀석들이 그래도 관심은 있구나 생각하며 그 방법 말고 다른 방법이 있어서 소개해 줍니다.

위의 자료를 번거롭더라도 도수분포표를 만들어 계산해 보겠습니다. 무리의 학생들은 뭔가 신기한 것이 나오나하며 눈을 말똥거리며 쳐다봅니다. 오래간만에 보는 학생들의 말똥말똥한 눈입니다. 잘 가르쳐야겠습니다.

자료 전체를 정리하여 도수분포표를 만들어 봅니다.

(변량)×(도수)의 합은 변량 전체의 합과 같으므로 구하는 평균은 다음과 같습니다.

$$(\text{평균}) = \frac{71}{10} = 7.1$$

피어슨이 들려주는 두 집단의 비교 이야기

변량	도수	변량×도수
5	2	10
6	3	18
7	1	7
8	2	16
10	2	20
합계	10	71

어떤 자료 전체의 분포상태를 알기 위해서 자료 전체를 정리한 도수분포표가 필요합니다. 또 이런 도수분포표를 가지고도 평균을 구할 수 있습니다. 똑같은 변량이 많을 때 사용하면 좀 쓸 만합니다.

박군도 힘들어 하는 것 같아 이번 교시를 마치겠습니다.

첫 번째
수업 정리

❶ 평균은 $\dfrac{(변량의 \ 합)}{(변량의 \ 개수)}$ 을 통해 구합니다.

❷ $(평균) = (가평균) + \dfrac{\{(변량)-(가평균)\}의 \ 총합}{변량의 \ 개수}$

산포도

산포도와 편차의 개념을 배우고 분산을 구하는 방법을
알아봅니다. 표와 그래프로 구체적인 예를 들어 이해를
높입니다.

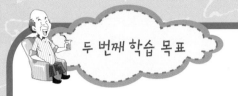

두 번째 학습 목표

산포도와 분산에 대해 공부합니다.

미리 알면 좋아요

1. 산포도 변량들이 흩어져 있는 정도를 하나의 수로 나타낸 값을 산포도라고 합니다. 산포도의 종류에는 표준편차, 평균편차, 사분편차, 범위가 있습니다. 표준편차는 다음에서 배울 것이고 평균편차는 각 변량의 편차의 절댓값의 평균입니다. 사분편차는 전체 변량을 크기순으로 늘어놓을 때, $\frac{1}{4}$번째의 변량을 Q_1, $\frac{3}{4}$번째의 변량을 Q_3라고 하면, 사분편차 Q는 $Q=(Q_1+Q_3)\div 2$입니다. 범위는 변량 중 가장 큰 값과 가장 작은 값의 차입니다.

2. 분산 자료나 어떤 확률분포의 흩어진 정도를 나타내는 하나의 측도. 이때 자료나 확률분포가 흩어진 정도를 산포도라고 합니다. 분산의 양의 제곱근인 표준편차도 산포도에 해당합니다.
분산의 값이 클 때에는 자료값이 넓게 분포되어 있는 것이고, 반대로 분산의 값이 작을 때에는 자료값이 밀집되어 있는 것입니다.

피어슨의
두 번째 수업

박군과 아이들이 뭔가를 먹고 입을 오물거리며 씨를 탁탁 뱉고 있습니다. 급기야는 누가 멀리 뱉는지 내기를 하고 있습니다. 그들이 먹고 있는 것은 포도입니다. 포도를 수학적으로 표현하면 구공처럼 생긴 입체도형들의 집합이라고 나는 생각합니다. 절대 나만의 생각입니다.

아이들이 주변에 씨를 자꾸 뱉으니 주변에 지나가는 사람들이 인상을 찌푸립니다. 그래서 내가 박군에게 말려 달라고 말을 하니 무슨 생각을 하는지 박군은 말릴 생각은 안 하고 나에게도 포도 한 송이를 줍니다.

먹어 보니 포도 맛이 너무 달아요. 맛있는 것을 먹고 그들의 행동을 보니 그렇게 나쁘게 보이지 않습니다. 인간의 마음은 간사합니다. 하지만 이번에는 포도 송이의 끝부분의 포도를 먹어 보니 맛이 십니다.

포도는 윗부분이 달고 아래로 내려갈수록 시어집니다. 내가 이 포도 어디서 났냐고 하자 박군과 아이들이 산포도라고 했습니다. 그래서 이 포도를 돈을 주고 샀냐고 물어보니까 그냥 산에서 따왔다고 산포도라고 했습니다.

아뿔싸! 주인 몰래 산에서 가져온 산포도구나. 나는 박군을 나무랐습니다. 앞으로 이런 경우가 또 발생하면 절대 수학을 가르쳐 주지 않겠다고.

그제야 박군이 아이들을 혼냅니다. 혼이 난 아이들에게 나는 이왕 이렇게 된 것 통계에서 말하는 산포도를 설명해 주기로 했습니다.

다음은 두 아이들이 포도씨 멀리 뱉기 게임을 8번 하여 얻은 점수표입니다.

〈포도씨 멀리 뱉기 점수〉

아이 1	7	3	6	4	7	8	9	4
아이 2	5	6	7	6	5	7	6	6

위 표에서 두 아이들은 똑같이 4번씩 이겼음을 알 수 있습니다. 아이 1과 아이 2가 얻은 점수의 평균을 각각 구하면 다음과 같습니다.

$$\text{아이 1} : \frac{7+3+6+4+7+8+9+4}{8} = 6(점)$$

$$\text{아이 2} : \frac{5+6+7+6+5+7+6+6}{8} = 6(점)$$

이때 두 아이들의 평균 점수는 6점으로 같지만, 각 게임에서 얻은 점수가 완전히 일치하지는 않습니다. 이를 통해 평균만으로는 자료의 특징을 충분히 살필 수가 없음을 알 수 있습니다.

두 아이들이 얻은 점수의 분포 상태를 더 잘 살펴보기 위하여 위 표를 히스토그램으로 나타내어 보겠습니다.

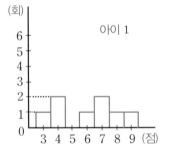 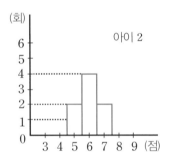

위의 히스토그램에서 아이 1의 점수는 평균인 6점을 중심으로 좌우로 넓게 흩어져 있으나, 아이 2의 점수는 평균인 6점의 부근에 집중되어 있습니다. 즉, 아이 1의 점수는 고르지 않지만 아이 2의 점수는 비교적 고르다고 할 수 있습니다. 그런데 여기서 고

피어슨이 들려주는 두 집단의 비교 이야기

르다는 개념이 좀 이상하지요. 그래프 모양을 보면 우리가 땅을 편평하게 고른다는 말과는 좀 차이가 있습니다. 히스토그램에서는 한쪽에 집중되어 있는 것이 고르다고 말할 수 있습니다.

이와 같이 변량들이 흩어져 있는 정도를 어려운 말로는 산포라고 합니다. 산포의 정도를 하나의 수로 나타낼 수 있는데, 이때 이 값을 산포도라고 합니다.

박군이 뭔가 이해가 되는 것이 있는지 나에게 "선생님!"하며 물어 옵니다.

"제가 잠깐 생각해 보니까, 거름 즉, 변량이 집중적으로 몰리면 산포도가 고르게 맛 좋고 거름이 흩어지면 산포도의 맛이 신 것 같아요."

농촌에서 태어나 일해 본 사람은 박군의 말을 알 것입니다. 모든 농산물에는 거름을 주어야 하는데 거름을 변량으로 생각한 것이지요. 아직도 박군은 변량이라면 똥으로 생각하나 봅니다. 그러니까 거름을 많이 주면 산포도가 고르게 달고 거름을 적게 주면 산포도가 고르지 않다고 산포도를 먹는 포도로 생각하나 봅니다.

나는 저렇게 생각해 보면 맞는 소리인 것 같기도 하고 이렇게 생각해 보면 아닌 것 같지만 일단은 웃어넘기겠습니다.

산포도에는 여러 가지가 있으나, 우리는 평균을 중심으로 변량들이 흩어져 있는 정도를 나타내는 것에 대해서 알아보겠습니다.

어떤 자료가 있을 때, 각 변량에서 평균을 뺀 값을 그 변량의 편차라고 합니다. 즉 편차는 다음과 같은 표현으로 나타낼 수 있습니다.

중요 포인트

$$(편차) = (변량) - (평균)$$

사람은 한번 머리에 박힌 개념은 잘 지워지지 않나 봅니다. 박군이 위 식에서 나온 변량이라는 말에 양쪽 눈썹 사이에 살짝 주름을 잡는 것을 보니 말이죠.

그래서 나는 좀 쉬어 갈 겸 해서 위 공식을 이용하여 아이들에게 나름대로 설명하라고 했습니다. 그러자 박군은 다음과 같이 설명을 합니다.

"얼마 전에 아빠가 운전을 하다가 실수로 벽을 들이 받았어. 그래서 카센터에 가서 차의 들어간 부분을 폈어. 그게 편차야. 그래서 편차는 똥차가 된 거야. 똥은 변이고 아빠차는 똥차가 되어 변

피어슨이 들려주는 두 집단의 비교 이야기

차량, 변량이지. 평균은 기준이 되는 것이라고 생각해. 얘들아."

어떻게 생각하면 맞는 것 같기도 하고 어떻게 생각하면 순 억지 같지만 박군의 이야기에 아이들의 눈빛은 진지합니다.

자, 박군이 한 말은 모두 잊고, 편차는 자료의 각 변량에서 평균을 뺀 값으로 '(편차)=(변량)−(평균)'이라는 사실만 알아 두세요. 그리고 편차의 합은 항상 0이 될 수밖에 없습니다.

이제 이것을 가지고 문제를 풀어 보면서 좀 더 알아보자고 말하니까 아이들이 마구 야유를 보냅니다. 내가 박군을 쳐다보자 다시 박군이 아이들을 쳐다봅니다. 조용해집니다. 박군의 눈빛은 아주 강력한가 봅니다. 그래서 나는 이때까지 배운 것을 좀 정리해 보고 문제를 풀기로 합니다.

산포도에 대해서 좀 더 이야기 해 봅시다. 서로 다른 두 개의 자료가 있을 때, 이들 각각의 평균이 같다고 해서 자료의 특징이 같다고 할 수는 없습니다.

자료의 특징을 이해하는 데 대푯값만으로는 충분하지 않고 대푯값 주위에 각 변량들이 흩어져 있는 정도도 알아야 합니다.

이 때, 자료 전체가 대푯값을 중심으로 흩어져 있는 정도를 하나의 수로 나타낸 값을 산포도라고 합니다. 산포도에서 산은 한 자로 흩어질 산散, 포는 펼칠 포布, 도는 정도 도度를 나타냅니다.

일반적으로 자료에서 각 변량이 평균 가까이 집중되어 있으면 흩어져 있는 정도가 작습니다. 그럴 땐 산포도가 작다고 합니다. 그리고 평균에서 멀리 떨어져 있으면 흩어져 있는 정도가 크고 산포도가 크다고 합니다. 산포도에는 여러 가지가 있으나 가장 많이 쓰는 것은 분산과 표준편차입니다. 분산을 구하는 과정에 필요한 것이 편차입니다. 편차는 앞에서 배웠지만 다시 정리해 보죠. 편차의 절댓값이 클수록 평균에서 멀리 떨어진 값이고, 절댓값이 작을수록 평균에서 가까운 값이라고 할 수 있습니다. 머

피어슨이 들려주는 두 집단의 비교 이야기

리를 가지고 잘 생각해 보면 이해가 될 것입니다. 편차가 양수이면 그 변량은 평균보다 큰 값이고 편차가 음수이면 그 변량은 평균보다 작은 값이 됩니다.

언제나 미래는 다가옵니다. 문제를 푸는 시간입니다. 전부 얼굴이 하얗게 변합니다. 박군과 아이들을 위해 국어, 수학, 영어, 사회, 과학 시험지를 한 장씩 나누어 줍니다. 시험지를 든 아이들의 손이 벌벌 떨립니다. 비록 그 시험지가 초등학교 4학년 시험

지지만 시험은 언제나 우리를 두려움에 떨게 만듭니다. 공부와
담을 쌓았던 그들입니다. 죽음의 2시간이 지나고 그들의 성적을
공개합니다.

공개된 두 아이들의 성적입니다.

	국어	수학	영어	사회	과학
아이 1	15	5	10	50	5
아이 2	10	5	20	35	15

아이들의 성적이 장난이 아닙니다. 그들의 점수를 우리는 변량
이라고 부릅니다. 편차는 '변량 빼기 평균'입니다. 변량에서 평
균을 빼면 남는 게 있지도 않겠습니다. 눈을 감고 찍어도 위의 점
수보다는 많이 나오겠습니다. 안 그렇습니까? 박군과 아이들은
독서도 많이 해야 합니다. 사람이 독서를 안 하면 나중에 고집 센
사람으로 변해 버립니다. 자신이 아는 지식으로만 세상을 살아가
려고 하니까 고집만 세어지는 것입니다.

일단 편차를 구하기 위해 아이 1과 아이 2의 평균을 각각 구해
보겠습니다.

아이 1의 평균은 $\dfrac{15+5+10+50+5}{5 \text{ 5과목을 시험 쳤으므로}}=17$점. 아이 1의 평

균 점수는 17점입니다.

아이 1은 사회 점수가 그 중에 좀 높게 나왔네요. 여하튼 평균 점수는 17점입니다.

이제 아이 2의 평균 점수를 구해 보겠습니다.

$$\frac{10+5+20+35+15}{5}=17점.$$ 아이 2의 평균 점수도 똑같이 17점입니다. 이런 상황을 나타낸 속담이 있습니다. 도토리 키 재기라고 합니다. 너무 공부 못하는 아이들입니다. 그럼 이 두 사람은 차이가 없는 것일까요?

차이는 분명히 있습니다. 도토리라고 해서 다 같은 도토리가 아닙니다. 지금부터 그 차이를 가려 보겠습니다. 부끄러운 점수지만 위 표를 보고 편차에 대한 표를 만들어 보겠습니다. 다시 반복해서 말하지만 편차는 '변량 빼기 평균'입니다. 평균은 아주 낮은 점수지만 둘이 똑같이 17이 나왔습니다. 두 사람 다 17을 이용하여 편차표를 만들어 보겠습니다.

	국어	수학	영어	사회	과학
아이 1	−2	−12	−7	33	−12
아이 2	−7	−12	3	18	−2

심심해서 아이 1의 편차들을 다 더해 봅니다. 엥, 편차의 총합이 0이 되었습니다. 그럼 편차의 평균도 0이 된다는 소리입니다. 그렇다면 자료의 흩어져 있는 정도를 알아보는 데는 아무런 도움이 되지 않는다는 소리입니다. 즉, 산포도로써 의미가 없다는 뜻인데 이 일을 어찌합니까? 아이 2의 편차의 합도 0이 됩니다. 참 난감하지요. 하지만 방법이 있습니다. 내가 누구입니까, 통계학의 대가 피어슨 아닙니까. 이제부터 내가 어떻게 이 두 사람의 성적을 가지고 차이점을 찾아내는지 지켜보세요.

나는 이 두 친구들의 자료가 흩어져 있는 정도를 알기 위해 분산이라는 것을 사용할 것입니다. 여러분들에게도 분산을 소개합니다.

방귀 냄새를 분산시키는 중이야.

분산은 산포도의 일종으로 편차의 제곱을 평균한 값입니다.

피어슨이 들려주는 두 집단의 비교 이야기

분산에서는 좋은 냄새가 납니다. 아기 분 냄새 같은 것입니다. 분산은 다음과 같이 자신을 소개합니다.

"나는 산포도의 일종으로 분산이라고 부릅니다. 나는 편차의 제곱을 평균한 값입니다."

아하! 분산이 편차를 이용한다는 것을 여러분들도 들으셨지요. 그렇습니다. 분산을 구하기 위해서는 편차가 필요합니다. 아까 구한 것도 다 쓸 데가 있어서 표를 만들고 연결 부위는 못을 치고 한 것입니다. 편차를 제곱시켜 주는 이유는 편차의 합이 0이 되지 않도록 하기 위함이지요.

다음에 나오는 표는 아이 1과 아이 2의 편차를 제곱시켜서 만든 표입니다. 제곱이란 두 수를 똑같이 곱하는 것을 말합니다. 2의 제곱은 $2 \times 2 = 4$, 3의 제곱은 3×3입니다.

	국어	수학	영어	사회	과학
아이 1	4 −2의 제곱	144 −12의 제곱	49 −7의 제곱	1089 33의 제곱	144 −12의 제곱
아이 2	49 −7의 제곱	144 −12의 제곱	9 3의 제곱	324 18의 제곱	4 −2의 제곱

이제 편차를 제곱시켰으니 다 더해서 5로 나누면 아이 1과 아이 2의 분산 값을 알 수가 있습니다. 지금까지는 서로 낫다고 난

리를 쳤지만 조금만 기다리면 결과가 나올 것입니다. 긴장된다면서 박군은 화장실을 다녀옵니다. 왜 당사자들도 가만히 있는데 박군이 더 긴장하는 것일까요? 원래 지켜보는 사람이 더 긴장 되어 얼굴이 달아오르나 봅니다. 다음은 아이 1의 결과입니다.

$$\frac{4+144+49+1089+144}{5} = \frac{1430}{5 \text{ 5는 과목이라서 그대로}} = 286$$

아이 1의 분산 결과는 286입니다. 이제 아이 2가 286보다 큰지 작은지만 알아 보면 됩니다. 아이 2를 계산해 봅니다.

$$\frac{49+144+9+324+4}{5} = \frac{530}{5}$$

이쯤에서 확 차이가 나는데요. 결과는 시시하지만 계산을 끝까지 해 봅니다.

$$\frac{530}{5} = 106$$

아이 2의 분산은 106입니다.

박군 이런 결과에 대해서 할 말 없습니까? 박군은 아무 말 없습니다. 혹 꿀 먹은 벙어리처럼 꿀을 먹은 것일까요. 분산이 큰 게 좋은 것일까요, 작은 게 좋은 것일까요? 그것도 아니면 분산의 의미는 무엇일까요?

좋고 나쁘고를 떠나 아이 2의 분산 값이 작다는 것은 그만큼 성적이 고르다는 뜻입니다. 즉 변량들이 비교적 평균에 가깝게 있다는 뜻이 됩니다. 반대로 아이 1의 성적 분포는 들쑥날쑥 고르지 못합니다. 변량들이 평균에서 멀어졌다 가까워졌다 한다는 뜻입니다. 누가 더 낫다기보다는 고르다 고르지 않다는 차이를 가집니다. 누가 더 고르다고요? 그렇죠. 작을수록 고른 것입니다. 뭐가요? 분산이 말입니다. 그래서 분산은 산포도를 나타낼 수 있다는 것입니다.

분산을 구하는 또 다른 방법으로 다음과 같은 것이 있습니다.

(분산)＝(변량의 제곱의 평균)－(평균의 제곱)

분산을 구했다면 표준편차를 구하는 것은 어렵지 않습니다. 분산 값에다가 루트 즉, $\sqrt{}$ 기호를 숨이 턱턱 막히더라도 덮어 씌우면 됩니다. 어렵지 않아요. 아이들의 분산에 $\sqrt{}$ 루트라고 읽습니다를 덮어 씌우겠습니다. 아이 1의 분산이 286이니까 286에 루트 $\sqrt{}$를 씌우면 $\sqrt{286}$ 입니다. 이 계산은 어려우므로 계산기를 이용해 보세요. 여러분이 직접 찾아봐도 됩니다. 아니면 그냥 $\sqrt{286}$ 으로 둬도 됩니다.

아이 2의 표준편차는 분산이 106이므로 표준 편차는 $\sqrt{106}$ 입니다. 분산과 마찬가지로 표준편차가 작을수록 변량의 분포가 고른 것입니다.

이제 그래프에서 산포도의 의미를 한번 살펴보고 쉬도록 하겠습니다. 쉰다는 소리에 아이들의 눈에서 희망의 빛이 납니다. 아,

희망의 빛이 하나 더 있습니다. 박군의 눈에서도 희망의 빛이 나옵니다. 박군의 눈에서 나오는 희망의 빛은 무려 8m나 됩니다. 하하. 수학 공부는 정말 힘들지요.

　자료의 각 변량에서 평균을 뺀 값을 편차라 하고, 편차의 제곱의 평균을 분산이라고 합니다. 따라서 변량들이 평균 주위에 많이 모여 있을수록 편차가 작아지므로 산포도의 값도 작아집니다. 반면 평균으로부터 멀리 흩어져 있을수록 편차가 커지므로 산포도도 커집니다. 이러한 성질을 이용하면 다음과 같은 그래프의 모양을 통해서도 산포도를 비교할 수 있습니다. 산포도는 두 집단을 비교하는 데 잘 쓰입니다.

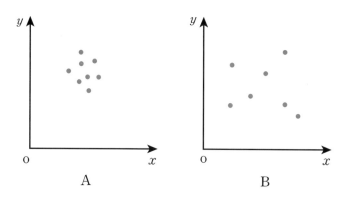

　A의 점그래프는 B의 점그래프보다 한곳에 많이 모여 있으므

로 A의 변량들이 나타내는 산포도가 B의 변량들이 나타내는 산포도보다 더 작습니다.

　다음 그림을 하나 더 비교해 보겠습니다. 하나 더 한다고 하니 박군의 희망의 빛이 흐린 날씨처럼 갑자기 뿌옇게 변합니다. 하지만 학교 시험에 자주 등장하는 그림으로 할 수밖에 없는 나의 심정도 좀 헤아려 주세요.

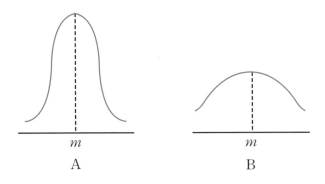

A　　　　　　　B

　A의 곡선은 B의 곡선보다 평균 m에 더 밀착되어 있습니다. 밀착된다는 말은 우리가 여드름을 짤 때 손가락으로 여드름 부위를 살살 세게 문지르는 것을 말합니다. 그러면 마치 A그림처럼 뾰족하게 여드름 부위가 올라오는 것을 말합니다. B는 아직 덜 익은 여드름입니다. 그래서 A의 변량들이 나타내는 산포도가 B의 변량들이 나타내는 산포도보다 더 작습니다. 그림이 더 뾰족

피어슨이 들려주는 두 집단의 비교 이야기

할수록 산포도가 작아집니다. 여드름을 짤 때도 많이 솟아 오른 여드름이 짤 때 힘이 덜 드는 것처럼 많이 뾰족하게 솟아난 부분이 산포도가 작다는 것을 알 수 있습니다.

박군이 "그러면 평균 m이 바로 여드름이 나오는 분화구네요"라고 말을 합니다. 그렇게 볼 수도 있겠네요. 보통 학습에 집중하지 못하는 사람이 이런 엉뚱한 생각을 잘 합니다. 하지만 박군도 내 수업을 열심히 듣고 있었다는 증거이므로 나는 기분이 살짝 좋아집니다. 앉아만 있어도 신기한 이 친구들이 내 말을 듣고 있다는 것만으로 오늘 수업은 보람됩니다. 여러분들도 산포도의 의미를 나름대로 이해했지요. 그럼 이번 교시를 마치겠습니다.

이때 박군 졸고 있던 아이 중의 한 사람의 머리를 자로 톡톡 계속 때려서 마치 혹을 산포도가 작은 그림처럼 부풀어 오르게 만듭니다. 많이 치솟은 머리의 혹 그림은 분명 산포도가 작은 그림이 많습니다. 하하하!

❶ 어떤 자료가 있을 때, 각 변량에서 평균을 뺀 값을 그 변량의 편차라고 합니다. 즉 편차는 다음과 같은 표현으로 나타낼 수 있습니다.

$$(편차) = (변량) - (평균)$$

❷ 일반적으로 자료에서 각 변량이 평균 가까이 집중되어 있으면 흩어져 있는 정도가 작습니다. 이때는 산포도가 작다고 합니다. 그리고 평균에서 멀리 떨어져 있으면 흩어져 있는 정도가 크고 산포도가 크다고 합니다. 산포도에는 여러 가지가 있으나 가장 많이 쓰는 것은 분산과 표준편차입니다.

컴퓨터를 이용하여 평균과 표준편차 알아보기

컴퓨터 소프트웨어를 이용하여 평균을 비롯한 다양한
통계값을 계산하는 법을 알아봅니다.

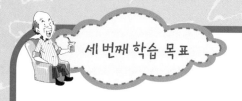

세 번째 학습 목표

컴퓨터를 이용하여 평균과 표준편차를 알아봅니다.

미리 알면 좋아요

1. **평균** 한 집단을 이루는 수나 양을 대표하는 하나의 수. 평균은 각 자료의 수를 더한 총합을 자료의 총 개수로 나눈 값입니다. 한 집단의 수를 대표하는 값으로 평균뿐만 아니라 중앙값, 최빈값 등도 있습니다.
중앙값은 자료를 크기순으로 배열했을 때, 가운데에 있는 값입니다. 최빈값은 자료의 수 중에서 가장 자주 나타나는 수입니다.

2. **표준편차** 분산의 양의 제곱근. 1893년에 영국의 수학자인 피어슨이 처음 소개한 용어입니다. 모집단이나 표본의 산포도를 나타낼 때에는 여러 가지 우수한 통계적 성질을 갖고 있는 분산이라는 개념을 많이 이용합니다. 하지만, 분산은 그 단위가 변량 단위의 제곱이 되는 단점이 있습니다. 그래서 원래의 변량과 단위를 일치시키고자 분산의 양의 제곱근을 표준편차로 정의하고, 분산과 함께 나타내는 측도로 많이 이용합니다.

피어슨의
세 번째 수업

박군이 아이들을 모아 놓고 컴퓨터 앞에서 독수리 흉내를 내고
있습니다. 나는 뭐하는가 싶어 슬쩍 그들이 하는 이야기를 엿듣
습니다.

"너도 독수리야? 나도 독수리다."

"하하하. 우리 모두 독수리구나!"

독수리가 뭐냐고 물어보니 컴퓨터 타자를 치는데 독수리 타법
으로 한다는 말이군요. 박군이 타자를 칠 때 독수리 타법이라 몇

줄 적고 나면 등에서 식은땀이 난다고 합니다. 요즘 아이들은 핸드폰 문자도 안 보고 찍는데 말입니다. 나는 갑자기 머리가 아파옵니다. 왜냐면 오늘 수업은 컴퓨터를 이용하여 평균과 표준편차를 구해 볼 것이기 때문입니다.

컴퓨터 소프트웨어를 이용하여 평균을 구하기로 합니다. 세 명의 독수리들이 양손을 높이 들고 자세를 취합니다.

볼링을 치는 사람들의 실력은 보통 애버리지 얼마라고 합니다. 이때 박군 얼굴이 귀까지 벌게지며 어떤 나쁜 사람이 요즘 세상에 애를 버리냐고 버럭 화를 냅니다. 조금 전에 내가 볼링의 실력을 평가하는 말로 애버리지라고 했는데 무슨 말을 듣고 그러는지 모르겠습니다. 애버리지란 최근 몇 경기에서의 평균 점수입니다.

피어슨이 들려주는 두 집단의 비교 이야기

다음은 나의 최근 경기 12번의 볼링 점수입니다. 다음 자료의 평균을 알아보도록 합니다.

187, 195, 204, 176, 222, 215, 207, 186, 192, 134, 166, 171

컴퓨터 소프트웨어를 이용하여 나의 애버리지를 구해 보겠습니다.

일단 엑셀을 이용할 것입니다. 그러자 박군은 편차가 고물차라서 엑셀이 말을 안 듣는다고 하면서 자기 동네에 카센터가 있다고 말해 줍니다. 나는 그런 자동차의 엑셀이 아니라 컴퓨터 소프트웨어인 엑셀이라고 말하며 박군을 진정시킵니다.

엑셀을 이용하여 평균을 구하는 순서는 다음과 같습니다.

> 1) 주어진 자료를 작업표의 A열에 입력하고 저장합니다.
>
> 2) 메뉴에서 (삽입) → (함수)를 선택하여 나타난 함수 마법사 상자에서 함수 범주는 통계, 함수 이름은 AVERAGE 를 선택합니다.
>
> 3) 아래와 같은 AVERAGE 대화 상자의 Number1에 A열에 입력된 자료를 마우스로 끌어서 A1:A12가 나타나게 하면 상자의 하단에 평균값 187.92가 구해집니다.

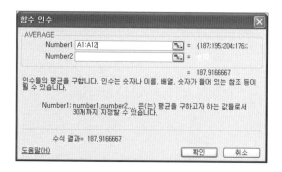

나의 볼링점수는 대체로 160점에서 220점 정도이나 134점인 경우도 있습니다. 이와 같이 다른 점수보다 매우 낮은 점수가 하

피어슨이 들려주는 두 집단의 비교 이야기

나가 평균 점수를 깎아내리므로 이때의 평균 점수는 나의 실력을 제대로 반영했다고 할 수 없습니다. 제 자랑하는 것이 아니니까 오해하지 마세요.

이왕 컴퓨터를 켰으니 대푯값으로 중앙값과 최빈값도 엑셀을 이용하여 구해 보겠습니다. 중앙값과 최빈값이라는 말뜻부터 알고 봅니다.

자료를 작은 값에서부터 크기 순서로 나열하였을 때, 가운데 위치한 값을 중앙값이라 합니다. 또한, 최빈값이란 자료의 값 중에서 가장 많이 발생한 값을 말합니다.

최빈값은 대푯값을 구할 때 자료의 값 중에서 가장 많이 발생한 값을 구해야 하는 경우에 쓰입니다. 예를 들면 소비자의 만족도, 정치인들의 지지도, 인기 있는 스포츠 종목 등을 구하는 경우입니다.

이러한 최빈값은 자료의 수가 많은 경우에 계산이 편리하고, 평균이나 중앙값과는 좀 다르게 사용됩니다. 최빈값은 2개 이상 존재할 수도 있고 존재하지 않을 수도 있으며 자료의 수가 적은 경우에는 자료의 중심 위치로써 적절하지 못할 수도 있습니다.

일반적으로 대칭 분포와 비대칭 분포에서 평균, 중앙값, 최빈값의 위치는 다음과 같습니다. 잘 생각해 보세요.

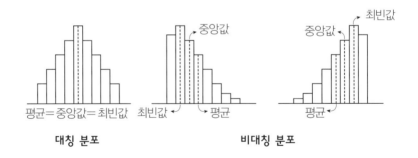

대칭 분포   비대칭 분포

중앙값과 최빈값을 컴퓨터 소프트웨어를 이용하여 구해 보겠습니다.

피어슨이 들려주는 두 집단의 비교 이야기

다음은 금붕어 30마리의 아이큐를 나타낸 것입니다.

3 4 4 4 2 6 2 4 2 3 5 4 1 3 5

3 3 0 2 4 5 2 4 5 3 2 4 2 5 5

위에 0이 한 마리 보이지요. 금붕어 한 마리가 죽어서 그런 것
입니다. 우선, 중앙값부터 알아보겠습니다.

엑셀을 이용하여 중앙값을 구하는 순서는 다음과 같습니다.

1) 주어진 자료를 작업표의 A열에 입력하고 저장합니다.

2) 메뉴에서 (삽입) → (함수)를 선택하여 나타난 함수 마
법사 상자에서 함수 범주는 통계, 함수 이름은 MEDIAN
을 선택합니다.

3) MEDIAN 대화 상자의 Number1에 A열의 자료를
마우스로 끌어서 A1:A30이 나타나게 하면 상자의 하
단에 중앙값 3.5가 구해집니다.

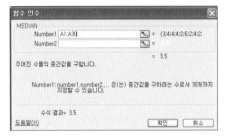

다시 컴퓨터에 앉아서 엑셀을 이용하여 최빈값을 구해 보겠습니다. 순서는 다음과 같습니다.

1) 주어진 자료를 작업표의 A열에 입력하고 저장합니다.
2) 메뉴에서 (삽입) → (함수)를 선택하여 나타난 함수 마법사 상자에서 함수 범주는 통계, 함수이름은 MODE를 선택합니다.
3) MODE 대화 상자의 Number1에 A열의 자료를 마우스로 끌어서 A1:A30이 나타나게 상자의 하단에 최빈값 4가 구해집니다.

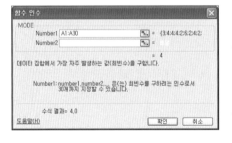

박군과 아이들이 쥐 죽은 듯이 조용합니다. 진짜로 옆에 쥐도 한 마리 죽어 있습니다. 컴퓨터도 어렵고 수학도 어렵습니다. 완전히

피어슨이 들려주는 두 집단의 비교 이야기

이번 시간 수업은 기절 상태입니다. 수업을 하는 맛이 별로입니다. 반찬이 없는 상태에서 밥만 먹고 있는 기분입니다. 하지만 밥만 계속 먹다보면 단맛이 나기도 합니다. 단맛을 느끼기 위해서 컴퓨터를 이용하여 범위와 표준편차를 구해 보겠습니다. 이것이 컴퓨터를 이용한 마지막 내용이 됩니다.

범위라는 말이 나왔습니다. 범위는 자료의 최댓값에서 자료의 최솟값을 뺀 것입니다. 만약 어떤 조직의 5명의 몸무게단위:kg가 95, 116, 84, 123, 107일 때, 이 조직원들의 몸무게의 범위는 $123-84=39$kg입니다.

이처럼 범위는 계산이 간단하고 해석하기가 쉬우므로 자료의 수가 적은 경우에 산포도로 적합합니다.

그러나 범위는 자료 중에 극단적인 값이 있는 경우예를 들어 0점에는 그 값에 직접 영향을 받으므로 산포도를 정확하게 나타내지 못합니다. 실제로 산포도를 구할 때는 범위보다는 분산과 표준편차를 더 많이 사용합니다.

다음은 두 조직의 몸무게를 비교한 것입니다. 물음에 답해 보도록 합니다. 조심하세요. 그들은 말보다 행동인 거친 어두운 놈입니다. 어둡기가 찐빵의 속처럼 어두운 놈들이지요.

조직 1	78	84	80	94	66	75	96	90	72	88	67	77	98	85	80	70
조직 2	80	85	76	88	72	97	90	84	77	86	70	68	84	94	86	78

각 조직들의 몸무게 범위를 구하고 컴퓨터 소프트웨어를 이용하여 표준편차를 구해 보겠습니다.

조직 1의 몸무게 범위는 $98-66=32$kg이고 조직 2의 몸무게 범위는 $97-68=29$kg입니다. 컴퓨터 소프트웨어를 이용하여 조직 1과 조직 2의 몸무게 표준편차를 각각 구하는 순서는 다음과 같습니다.

1) 주어진 자료 중 조직 1의 몸무게는 작업표의 A열에, 조직 2의 몸무게는 작업표의 B열에 각각 입력하고 저장합니다.

2) 메뉴에서 (삽입) → (함수)를 선택하여 나타난 함수 마법사 상자에서 함수 범주는 통계, 함수 이름은 STDEVP를 선택합니다.

3) STDEVP 대화 상자의 Number1에 A열의 자료를 마우스로 끌어서 A1 : A16이 나타나게 하면 상자의 하

단에 조직 1의 몸무게의 표준편차 9.76이 구해집니다.

4) 마찬가지로 STDEVP 대화 상자의 Number1에 B 열의 자료를 마우스로 끌어서 B1:B16이 나타나게 하면 상자의 하단에 조직 2의 몸무게의 표준편차 8.06이 구해집니다.

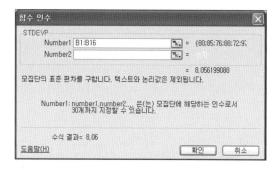

이제 어느 조직이 몸무게의 변동이 심한지 알아보겠습니다.

조직 1의 표준편차가 조직 2의 표준편차보다 크므로 조직 1의 몸무게 변동이 심하다는 것을 알 수 있습니다.

이상으로 힘들고 어려운 수업을 모두 마······.

아이들 중 한 명이 얼마나 지루했으면 마친다는 말이 끝나기도 전에 코드를 뽑아 버렸습니다.

피어슨이 들려주는 두 집단의 비교 이야기

세 번째
수업 정리

1 엑셀을 이용하여 평균을 구하는 순서는 다음과 같습니다.

① 주어진 자료를 작업표의 A열에 입력하고 저장합니다.

② 메뉴에서 (삽입) → (함수)를 선택하여 나타난 함수 마법사 상자에서 함수 범주는 통계, 함수 이름은 AVERAGE를 선택합니다.

③ AVERAGE 대화 상자의 Number1에 A열에 입력된 자료를 마우스로 끌어서 A1:A12가 나타나게 하면 상자의 하단에 평균값이 구해집니다.

2 엑셀을 이용하여 중앙값을 구하는 순서는 다음과 같습니다.

① 주어진 자료를 작업표의 A열에 입력하고 저장합니다.

② 메뉴에서 (삽입) → (함수)를 선택하여 나타난 함수 마법사 상자에서 함수 범주는 통계, 함수 이름은 MEDIAN을 선택합니다.

③ MEDIAN 대화 상자의 Number1에 A열의 자료를 마우스

로 끌어서 A1:A30이 나타나게 하면 상자의 하단에 중앙값이
구해집니다.

❸ 엑셀을 이용하여 최빈값을 구하는 순서는 다음과 같습니다.
① 주어진 자료를 작업표의 A열에 입력하고 저장합니다.
② 메뉴에서 (삽입) → (함수)를 선택하여 나타난 함수 마법사 상
자에서 함수 범주는 통계, 함수 이름은 MODE를 선택합니다.
③ MODE 대화 상자의 Number1에 A열의 자료를 마우스로
끌어서 A1:A30이 나타나게 하면 상자의 하단에 최빈값이 구해
집니다.

상관관계

우리 주변에서 볼 수 있는 여러 상황들의 예를 통해
상관관계를 배웁니다.

네 번째 학습 목표

상관관계에 대해 알아봅니다.

미리 알면 좋아요

1. 두 변량 x, y 사이에 어떤 관계가 있을 때, 이러한 관계를 상관관계라고 하고, 이 때 두 변량 x, y 사이에는 상관관계가 있다고 합니다.

2. 상관관계와 기울기
상관관계는 상관도에 찍힌 점들의 기울기에 의해서 결정됩니다.
· 기울기가 양 : 양의 상관관계
· 기울기가 음 : 음의 상관관계

3. 상관관계가 없는 경우
· 점들이 각 방향으로 고루 흩어져 분포되어 있습니다.
· 좌표축에 평행한 직선을 따라 분포되어 있습니다.

피어슨의
네 번째 수업

아이들이 동아리 짱이 박군을 찾는다고 합니다. 박군은 이제부터는 마음을 잡고 공부한다고 동아리 짱을 만나지 않겠다고 합니다. 박군은 아이들에게 앞으로는 동아리 짱이 자신의 일에 상관하지 말아 달라고 합니다. 그렇습니다. 앞으로 박군은 공부를 할 것입니다. 앞으로 동아리와는 아무 상관관계 없는 사이입니다. 그래서 오늘 수업은 상관관계에 대해 공부해 보겠습니다.

수학의 통계 부분에는 상관관계라는 단원이 있습니다. 일단 그

용어를 먼저 정리해 보겠습니다. 수학은 용어 정리가 명확해야 합니다.

상관관계란 한 대상에 대하여 서로 어떤 관계가 있을 것으로 예상되는 두 자료 사이의 관계를 말합니다. 수학적으로 보면 구 변량 x, y 사이의 어떤 관계를 말하며, 상관도와 상관표를 보면 알 수 있습니다.

상관관계에는 양의 상관관계와 음의 상관관계가 있습니다. 양의 상관관계는 두 변량 사이에 한쪽이 커짐에 따라 다른 쪽도 대체로 커지는 관계입니다. 상관도에서는 점들이 오른쪽 위를 향하는 직선의 주위에 분포점들이 마구 찍혀 있는 것되어 있습니다.

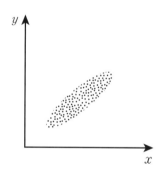

음의 상관관계는 두 변량 사이에 한쪽이 커짐에 따라 다른 쪽은 대체로 작아지는 상관관계입니다. 상관도에서는 점들이 오른

피어슨이 들려주는 두 집단의 비교 이야기

쪽 아래를 향하는 직선의 주위에 분포되어 있습니다. 수학에서는 이러한 상관관계를 x와 y를 이용하여 말합니다.

두 변량 x, y에 대하여 양의 상관관계는 x의 값이 증가함에 따라 y의 값도 대체로 증가하는 관계를 말합니다. 음의 상관관계는 x의 값이 증가함에 따라 y의 값은 대체로 감소하는 관계를 말합니다.

그런데 앞에서 말한 박군과 동아리 짱과 같은 관계처럼 이제 서로 상관하지 않는, 상관관계가 없는 경우도 있습니다. x의 값이 증가함에 따라 y의 값이 증가하는지 감소하는지 분명하지 않을 때, 상관관계가 없다고 합니다. 상관도에서 다시 배우겠지만 미리 상관도 그림을 살펴 봅니다.

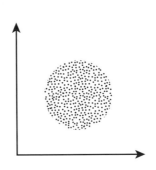

상관관계는 상관도에서 점들이 흩어져 있는 상태를 통해 대략

의 경향을 알아보는 것으로 수치적이 아닌 직관적으로 파악해야 합니다.

옆에 있던 박군이 상관관계와 인과 관계는 비슷한지 물어 옵니다. 상관관계는 단지 두 변량 간에 직선적으로 변하는 공통적인 경향만을 나타내는 기준입니다. 하지만 비록 두 변량이 강한 상관관계를 갖는다고 해도 전문적인 지식에 의해 두 변량 간의 직접적인 관계가 성립하지 않는 경우에는 인과 관계가 있다고 말하지 않습니다.

상관관계가 있는 것을 예를 들어 보겠습니다.

키와 몸무게는 양의 상관관계입니다. 대체로 키가 큰 사람이 몸무게가 많이 나간다는 소리입니다. 수학 성적과 과학 성적, 월평균 소득과 가계 지출, 당연히 많이 버는 사람이 많이 쓰겠지요. 통화 시간과 전화 요금, 이것은 우리가 직접 경험해서 알지요. 저기 보이는 저 아이도 아직까지 전화하고 있네요. 큰일입니다.

그럼 이제 음의 상관관계에 대해 알아보겠습니다. 한쪽은 늘어나지만 다른 쪽이 감소한다고 쉽게 생각해 보도록 합니다.

겨울철 기온과 난방비, 그렇습니다. 기온이 내려가면 난방비가 상식적으로 올라갑니다. 산의 높이와 기온도 그렇습니다. 산불이

난 경우는 예외입니다. 오락 시간과 성적, 이것은 겪어 봤으니 설
명을 더 하지 않습니다. 해 봤자 여러분들이 싫어하니까요.

이제 상관관계가 없는 것도 알아보겠습니다. IQ와 머리 둘레,
정말 IQ와 머리 둘레는 상관이 없습니다. 저 아이를 보세요. 머

리통은 엄청 큰데 아직 구구단 5단까지 못 외워요. 시력과 눈의 크기, 이해가 되죠. 몸무게와 수학 성적, 이것이 상관관계가 있다면 요즘 아이들은 점점 수학을 잘 하겠네요. 거리를 보세요. 수학 잘하는 아이들이 많지요. 퉁퉁한 아이들이 많다는 소리입니다.

놀면 뭐하겠습니까? 이제껏 배운 것을 복습하는 시간을 갖겠습니다. 갑자기 아이들의 인상이 고르지 않습니다.

피어슨이 들려주는 두 집단의 비교 이야기

이때 박군이 나의 편을 들어 줍니다. 어디서 다리미를 들고 와서 위협합니다. 참고로 다리미는 구겨진 옷을 펴는 데 사용하는 물건입니다. 박군의 위협에 아이들이 인상이 다리미로 다린 듯이 펴집니다.

다음 중 양의 상관관계가 있는 것은?
1) 산의 높이와 기온   2) 운동량과 비만
3) 몸무게와 시력   4) 가슴둘레와 지능 지수
5) 키와 걸음의 폭

나는 아이들에게 답과 그 이유를 말하라고 했습니다. 물론 뒤에 박군이 다리미를 들고 서 있었습니다.

1)번을 말한 아이도 있습니다. 이유는 산의 높이가 올라가면 힘이 들어 자신의 몸에서 기온이 올라간다고 합니다. 이 친구는 문제를 제대로 이해하지 못한 것 같습니다. 산의 높이가 올라가면 산의 기온이 떨어진다고 하는 보기를 자기중심적으로 생각해서 답을 말해 버린 것입니다. 1)번은 기온이 오히려 내려가니 음

의 상관관계입니다.

2)번이라고 말한 아이도 있습니다. 그 이유를 들어 보니 다음과 같습니다. 자기는 운동을 하고 많이 먹으니까 살이 찌더라면서 2)번은 확실한 양의 상관관계라고 합니다. 하지만 여기서 이 아이의 주장은 잘못된 것입니다.

뭐가 잘못된 것일까요? 상관관계라는 것은 두 변량 사이의 관계입니다. 그런데 2)번을 말한 아이의 주장은 음식을 많이 먹는다는 다른 변수를 더 적용한 것입니다. 그래서 그 설명은 틀린 것입니다. 단 두 개의 변량으로 알아보면 운동하면 살이 빠지므로 음의 상관관계입니다.

3)번은 몸무게와 시력은 아무 상관없으므로 상관관계가 없다고 할 수 있습니다. 4)번 가슴둘레와 지능 지수 역시 상관관계를 찾기가 힘듭니다.

5)번이 정답입니다. 아무래도 키가 큰 사람의 보폭이 넓기 마련입니다. 박군의 한 친구는 키가 크지만 종종 걸음을 걷는 사람도 있어요. 하지만 지금 내가 말하는 경우는 일반적인 경우를 따지는 것입니다.

문제 풀어보니까 의의로 재미있네요. 하나 더 해 보겠습니다.

다음 두 변량 사이에 음의 상관관계가 있다고 할 수 있는 것은?

1) 몸무게와 키   2) 지능 지수와 식사량

3) 수학 성적과 과학 성적   4) 낮의 길이와 밤의 길이

5) 자동차의 증가와 공기 오염도

음의 상관관계는 한쪽 변량이 증가하지만 다른 쪽 변량이 감소하는 것을 말합니다.

1)번부터 알아보겠습니다. 몸무게가 늘어나면 키도 좀 큰 편이 되지요. 앞에서 순서를 반대로 하여 보기를 들었습니다. 잘 기억해 두세요. 다음에 안 쓰일 겁니다.

2)번에서 지능 지수와 식사량은 아무 상관없습니다. 만화책을 보면 바보가 엄청난 식사량을 하는 장면이 가끔 있습니다. 하지만 그것은 만화나 특수한 경우입니다. 일반적으로 식사량과 지능 지수는 상관이 없다고 합니다.

3)번도 앞에서 예를 한번 들었던 기억이 납니다. 공부는 이렇게 반복을 통해서 익혀야 합니다.

수학 성적이 높은 사람이 대체적으로 과학도 잘하는 경우가 많다고 봅니다. 같은 종류의 과목이기 때문에 상관관계가 있는 것으로 보고 또 결과적으로 양의 상관관계로 봅니다. 즉, 수학을 잘하는 사람이 과학도 좀 잘하는 경향이 있습니다. 이처럼 상관관계는 개략적인 경향을 말하는 것입니다.

4)번, 이제 정답입니다. 이제 정답이니까 박군, 얼른 구속시켜요.

"예, 알겠습니다."

박군도 덩달아 신나서 4)번이 마치 사람인양 밧줄로 묶는 시늉을 합니다. 공부를 하다 보면 이렇게 신이 날 때가 있습니다. 여러분도 공부에 재미를 붙여 보세요. 낮의 길이가 길어지면 상대적으로 밤의 길이는 줄어들게 되어 있습니다. 하루 24시간을 기준으로 생각해 보면 됩니다. 겨울에는 밤이 길어지고 상대적으로 낮이 짧아집니다. 이처럼 하나가 길어지면 다른 하나가 짧아지는 것을 음의 상관관계라고 합니다.

5)번이 왜 틀렸는지 알아보겠습니다. 자동차가 증가하면 당연히 매연으로 공기의 오염도는 증가하게 되어 있습니다. 이런 상관관계를 양의 상관관계라고 합니다. 지금 우리가 찾고 있는 것은 음의 상관관계이므로 5)번은 답이 아닙니다.

이왕 문제를 푸는 것, 한 가지 경우만 차별할 수 없어서 마지막 문제라 생각하고 하나만 더 풀어 보겠습니다. 문제 하나 더 푼다고 하니까 아이들과 박군의 입이 삐죽하게 나옵니다. 멀리서 보면 입이 너무 나와서 펠리컨으로 착각하겠습니다.

다음 두 변량 사이에 상관관계가 없다고 볼 수 있는 것은 무엇입니까?

1) 계산 능력과 가슴둘레
2) 사람의 키와 걸음의 너비
3) 핸드폰 통화량과 핸드폰 요금
4) 타자 연습 시간과 입력 속도
5) 지하철 이동 거리와 요금

이번 문제 풀이는 금방 끝내겠습니다.

답은 1)번입니다. 계산 능력과 가슴둘레는 아무리 생각해 봐도 연관이 없는 것 같지요.

사실은 상관도라는 표를 보면서 상관관계를 설명하면 한눈에 들어오는데 이번 시간은 여기서 마치고 다음 시간부터는 상관도에 대해 알아보도록 하겠습니다. 상관도라고 하니까 무협지를 많이 본 박군, 어떤 종류의 칼이냐고 물어 봅니다. 칼은 아니지만, 나는 박군에게 다음 시간에 공부해 보면 잘 알 수 있다고 말해 줍니다.

다음 수업에서 상관도를 배워 봅시다.

피어슨이 들려주는 두 집단의 비교 이야기

1 상관관계 한 대상에 대하여 서로 어떤 관계가 있을 것으로 예상되는 두 자료 사이의 관계를 말합니다. 수학적으로 보면 구 변량 x, y 사이의 어떤 관계를 말하며, 상관도와 상관표를 보면 알 수 있습니다.

2 상관관계에는 양의 상관관계와 음의 상관관계가 있습니다. 양의 상관관계는 두 변량 사이에 한쪽이 커짐에 따라 다른 쪽도 대체로 커지는 관계입니다. 상관도에서 점들이 오른쪽 위를 향하는 직선의 주위에 분포점들이 마구 찍혀 있는 것되어 있습니다.

음의 상관관계는 두 변량 사이에 한쪽이 커짐에 따라 다른 쪽은 대체로 작아지는 상관관계입니다. 상관도에서 점들이 오른쪽 아래를 향하는 직선의 주위에 분포되어 있습니다.

수학에서는 이러한 상관관계를 x와 y를 이용하여 말합니다.

❸ 상관관계는 상관도에서 점들이 흩어져 있는 상태를 통해 대략의 경향을 알아보는 것으로 수치적이 아닌 직관적으로 파악해야 합니다.

상관도

상관도의 의미를 배우고 그리는 방법을 알아봅니다.
주어진 상관도에 적합한 예시들을 찾아보면서
상관관계에 대해 정확히 이해합니다.

1. 상관도에 대해 알아봅니다.
2. 상관도를 그리는 방법을 공부합니다.

미리 알면 좋아요

1. 상관도를 보고 읽는 방법에 대해서는 학교 시험에 자주 출제되므로 반드시 알아 두어야 합니다. 상관도가 순서쌍의 개념과 같음을 알고, 상관도 그리는 연습과 읽는 방법을 충분히 알아 둡니다.

2. 상관도 두 변량 x, y가 어떤 관련성이 있는가를 알아보기 위하여 이들을 순서쌍으로 하는 점 (x, y)를 좌표평면 위에 나타낸 그래프

3. 상관도에서 점들이 각 방향으로 고루 흩어져 있거나 좌표축에 평행한 직선을 따라 분포할 때, 두 변량 사이에는 상관관계가 없다고 합니다.

피어슨의
다섯 번째 수업

비바람이 몰아치고 있습니다. 한 사나이가 비를 맞으면서 천천히 걸어오고 있습니다. 그는 아버지의 원수를 갚기 위해 깊은 산속에서 10년 동안 수련을 한 사나이였습니다. 그가 수련을 하며 갈았던 칼이 바로 상관도라고 할 줄 알았지요? 하하하. 그 칼과 상관도는 전혀 상관이 없습니다. 상관관계가 없어요! 긴장하셨습니까?

상관도에 대해 알아봅니다. 상관도란 두 변량 x, y 사이에 어

떤 관련성이 있는가를 알아보기 위하여 두 변량 x, y를 각각 x

좌표, y좌표로 하는 점 (x, y)를 좌표평면 위에 나타낸 그림입

니다.

상관도라는 말을 풀이해 보면 상은 서로 상相자이고 관은 관

계가 있다 관關자입니다. 도는 칼 도刀가 아니라 그림 도圖자입

니다. 상관도는 칼이 아니라 그림입니다. 하지만 나중에 좀 더

알아보면 칼이 이용되는 부분이 나옵니다. 영 관계가 없는 것은

아닙니다.

상관도는 두 변량의 상관관계즉 양의 상관관계, 음의 상관관계, 상관

피어슨이 들려주는 두 집단의 비교 이야기

관계가 없다를 한눈에 쉽게 파악할 수 있도록 해 줍니다. 외눈박이 도깨비도 한눈에 파악할 수 있을 정도로 쉽지요.

그럼 상관도를 그리는 방법을 먼저 알아보고 상관도에 대해 자세히 알아볼까요?

상관도 그리는 방법

1) 한 변량을 x축, 다른 변량을 y축이라 하여 좌표평면을 만듭니다.
2) 두 변량의 가장 작은 값과 가장 큰 값을 각각 찾아 일정한 간격으로 나누어 각 축에 수를 적습니다. 자료가 주어졌을 때 하는 동작입니다.
3) 각 자료를 순서쌍 (x, y)로 만들어 점을 찍습니다.

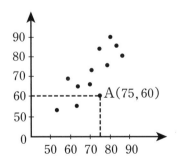

이처럼 상관도를 그리면 자료의 흩어진 정도를 나타내는 직선을 그려서 두 변수 사이의 상관관계를 판단할 수 있습니다.

상관도가 칼을 나타내는 것은 아니지만 어쨌든, 드디어 칼을 뽑을 때가 되었습니다. 칼은 아니지만 칼자국을 상관도에 남겨 보도록 하겠습니다. 우선 칼자국을 이용하여 양의 상관관계 그림을 보겠습니다.

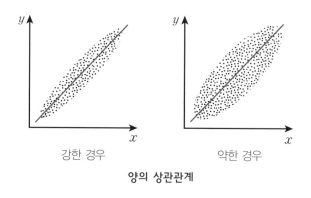

강한 경우　　　　　　약한 경우

양의 상관관계

위 그림을 보고 설명을 하겠습니다. 양의 상관관계에서 강한 경우는 점들이 직선에서 별로 흩어지지 않은 경우입니다. 상관관계가 강한 경우를 '경향이 가장 뚜렷하다, 특색이 잘 나타나 있다, 대각선에 점들이 밀집하다'라고 합니다. 좀 더 알기 쉽게 말하면 칼날이 강하여 날카롭게 베인 상태를 말합니다. 쫙 그어 놓

피어슨이 들려주는 두 집단의 비교 이야기

은 그림이라고 생각하면 무시무시합니까?

그렇게 생각하면 약한 경우는 뭉툭하게 베인 상태의 그림입니다. 하지만 두 경우 모두 오른쪽 끝이 위로 올라가 있음을 명심하세요. 마치 오른손잡이의 칼질처럼 말입니다.

이제 왼손잡이의 칼부림을 이용하여 음의 상관관계를 상관도에 나타내 보이겠습니다.

일단 그림을 먼저 보도록 합니다.

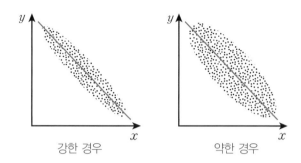

강한 경우   약한 경우

수학적인 설명은 앞에서 설명한 양의 상관관계를 반대로 생각해 보면 됩니다. 강한 경우와 약한 경우 모두 오른쪽 끝이 아래로 내려가는 그림입니다. 왼손잡이 무사의 칼부림으로 생각해도 좋습니다.

역시 강한 경우가 날카롭게 베입니다. 약한 경우는 뭉툭하게 베어집니다.

그럼 이제부터는 왼손잡이도 오른손잡이도 아닌 아무 상관관계가 없는 경우를 보겠습니다.

1)   2)   3)

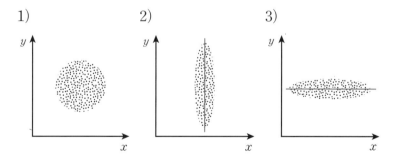

그림을 보면 알겠지만 위의 그림은 칼자국과는 아무 상관없습니다. 그래서 상관관계가 없다고 보면 됩니다. 1)번 그림은 벌이 날아다니는 듯합니다. 2)번은 미루나무 같고요. 3)번은 은하계처럼 보입니다. 이런 세 가지 모양은 칼자국과는 무관한 상관관계가 없는 그림입니다.

상관관계가 없는 경우는 x의 값이 증가함에 따라 y의 값이 증가하는지 감소하는지 분명하지 않을 때를 말합니다. 상관도에서는 보통 위와 같이 그려집니다.

앗, 아이들이 내가 설명을 하는데 졸고 있습니다. 이때 박군 자신도 졸고 있다가 나와 눈이 마주치자 미안한지 아이들을 다그칩니다.

그래서 나는 이참에 문제를 하나 풀어보자고 합니다. 아이들은 미안한 마음에 거절하지 못합니다.

다음 상관도 중에서 겨울철 기온x과 난방비y 사이의 상관관계를 나타낸 것은 무엇일까요? 아이들의 표정이 굳어 있습니다. 박군도 나랑 눈을 마주치지 않으려고 합니다. 정말 수학 문제는 우리를 얼게 하나 봅니다. 일단 마음을 크게 먹고 보기 그림을 보도록 합니다.

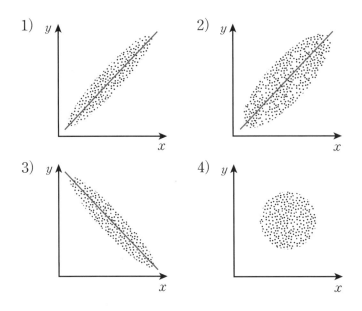

이 문제는 잘못하면 1)번으로 생각할 수도 있습니다. 겨울철이면 난방비가 올라가니까 나는 아무 생각 없이 양의 상관관계라고 했다가 다시 생각해 보니 답이 아니었습니다. 겨울철 기온이 높아지면 난방비가 적게 듭니다. 그리고 기온이 낮아져야 난방비가 많이 들지요. 따라서 이 상관관계의 상관도는 음의 상관관계가 되어야 합니다. 답은 3)번이 되는 것입니다. 이해가 갈 듯 말 듯 합니까? 기온이 낮아지면_{한쪽 변수가 줄어들면} 난방비가 많이 드는_{다른 변수가 늘어나는} 상관관계는 음의 상관관계입니다. 따라서 그림은 오른쪽 끝이 아래로 내려가는 상관도입니다.

이제는 아이들이 참여하는 수업을 진행해 보겠습니다. 나는 아이들의 웃통을 모두 벗게 하였습니다. 중학생 치고는 너무 때가 많습니다. 몸에 있는 때는 이번 수업의 자료로 사용하지 않겠습니다. 다음 두 명의 아이들의 몸에 난 상처 자국을 가지고 상관도를 이용하여 음의 상관관계인지 양의 상관관계인지 알아보겠습니다.

아이 1의 몸에 난 상처는 강한 양의 상관관계입니다. 몹시 아팠겠네요. 그리고 아이 2의 몸에 난 상처는 긁힌 자국입니다. 약한 음의 상관관계를 나타내는 상관도라고 할 수 있습니다. 왼손잡이가 긁었던 것 같습니다.

아이 1   아이 2

어느 정도 내공이 쌓인 것 같으므로 진짜 상관도를 이용한 문제를 풀어 보겠습니다. 다음은 A학급 학생 10명의 국어와 과학 시험 성적을 나타낸 상관도입니다. 문제의 답을 차례로 구해 봅니다.

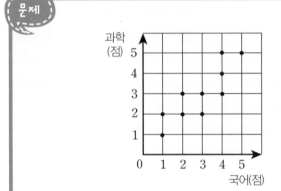

문제

1. 국어 성적과 과학 성적이 같은 학생 수는 몇 명입니까?
2. 과학 성적이 3점 이상인 학생 수는 몇 명입니까?
3. 과학 성적보다 국어 성적이 좋은 학생 수는 몇 명입니까?

그림을 통하여 풀이를 해 보겠습니다. 이것에 대해 좀 더 생각을 해 보도록 합니다. 상관도에서는 대각선을 기준으로 두 변량의 크기를 비교합니다.

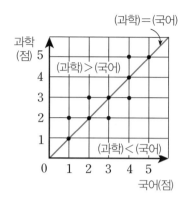

1) 두 변량이 같은 도수는 대각선 위의 점의 개수입니다.
2) 변량 y가 x보다 큰 도수는 대각선보다 위쪽에 있는 점의 개수입니다.
3) 변량 y가 x보다 작은 도수는 대각선보다 아래쪽에 있는 점의 개수입니다.

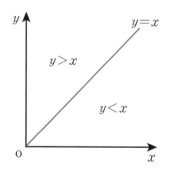

상관도가 그려진 것을 몇 개 봤습니다. 우리가 직접 그릴 수 있도록 그리는 방법을 알아보겠습니다.

상관도 그리는 방법

1) 두 변량 중 하나는 x축가로축에, 다른 하나는 y축세로축에 나타냅니다.

2) x축은 왼쪽에서 오른쪽으로, y축은 아래에서 위로 점점 커지도록 값을 적습니다.

3) 두 변량을 순서쌍 (x, y)로 나타내어 좌표평면의 제 1 사분면 위에 점을 찍어 표시합니다.

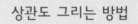

솔직한 내 마음은 이번 수업을 마치고 싶습니다. 하지만 다음 문제가 시험에 잘 나온다고 하니 수학을 연구하는 학자로서 안 가르쳐 주고 지나갈 수가 없습니다. 양심의 문제입니다.

다음 그림은 전에 박군이 몸을 담고 있던 동아리 회원들의 키와 몸무게를 조사하여 나타낸 상관도입니다. 다섯 명의 회원들이

피어슨이 들려주는 두 집단의 비교 이야기

그림을 보고 한 마디씩 합니다. 누가 바른 소리를 하는지 골라 봅니다.

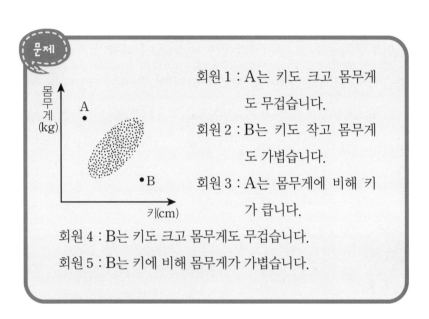

회원 1 : A는 키도 크고 몸무게도 무겁습니다.

회원 2 : B는 키도 작고 몸무게도 가볍습니다.

회원 3 : A는 몸무게에 비해 키가 큽니다.

회원 4 : B는 키도 크고 몸무게도 무겁습니다.

회원 5 : B는 키에 비해 몸무게가 가볍습니다.

박군이 내 눈치를 봅니다. 누가 바른 말을 하는지 알고 싶은가 봅니다. 나는 회원 5가 바른 말을 한다고 박군에게 눈치를 줍니다. 박군 큰소리로 말합니다.

"5번 아이 빼고 다 머리 박아!"

그렇습니다. A는 키에 비해 몸무게가 무겁고, B는 키에 비해 몸무게가 가볍습니다.

학생들을 위해서는 거짓말쟁이가 될 수밖에 없군요. 진짜 시험에 잘 나오는 상관도 문제를 하나 풀고 마치도록 합니다. 수학은 그 자체로 충분히 존재가치가 있지만 우리 학생들을 위한 시험 준비로써의 수학도 무시하기에는 내 마음이 편치 않아요. 그런 마음에 이 문제가 잘 출제되므로 하나만 더 해 보는 것입니다.

두 변량의 상관도를 그려 보았습니다. 나의 정성이 담긴 그림입니다. 그림을 보고 다음 보기 중 맞는 것을 찾아 보세요. 틀린 보기는 너무 나무라지 마세요.

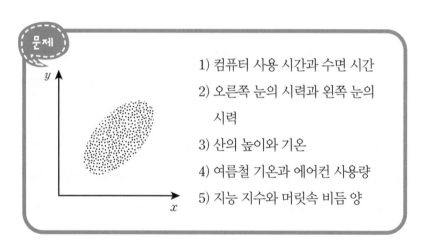

문제

1) 컴퓨터 사용 시간과 수면 시간
2) 오른쪽 눈의 시력과 왼쪽 눈의 시력
3) 산의 높이와 기온
4) 여름철 기온과 에어컨 사용량
5) 지능 지수와 머릿속 비듬 양

주어진 상관도는 한 변량이 커지면 나머지 다른 변량도 대체로 커지므로 양의 상관관계가 있습니다.

피어슨이 들려주는 두 집단의 비교 이야기

　1)번을 생각해 보면 밤새도록 컴퓨터를 하면서 잠을 안 자는 학생들을 많이 보았습니다. 특히 시험 끝나고 말이지요. 그래서 이것은 한 변량이 늘어나면 다른 변량이 줄어드는 음의 상관관계입니다. 2)번은 일반적으로 한쪽 눈의 시력이 좋으면 다른 쪽 눈의 시력도 좋다고 합니다. 아닌 경우도 간혹 있습니다. 내 친구도 시

력 차이가 많이 나는 친구가 있거든요. 하지만 이 문제에서 묻고자 한 것은 일반적인 것을 말합니다.

3)번은 산에 올라가면 올라갈수록 기온은 떨어집니다. 박군의 말이 산으로 올라갈수록 뛰면 체온은 올라간다고 합니다. 박군, 제발 그러지 마세요. 일반적인 경우로 우리 학생들에게 설명하는데 헷갈리게 옆에서 방해하지 마세요.

4)번은 생각해 볼 것도 없습니다. 여름철에 에어컨 팍팍 씁니다. 답은 2)번과 4)번이 되겠습니다. 참, 5)번 풀이를 빠트릴 뻔했네요. 지능 지수가 높다고 해서 머리에 비듬이 많다는 것은 처음 들어보는 소리입니다. 옆에 있던 박군, 저번에 공부 열심히 하는 수험생이 문제 풀다가 고민을 해서 머리를 벅벅 긁어대니 비듬이 많이 나오던데 상관이 있는 것이 아니냐며 또 헷갈리게 합니다.

모두들 지쳐가네요. 이번 수업을 마치고 다음 수업에는 뇌에 산소가 공급된 상태에서 만나도록 합니다.

피어슨이 들려주는 두 집단의 비교 이야기

다섯 번째
수업 정리

1 상관도란 두 변량 x, y 사이에 어떤 관련성이 있는가를 알아보기 위하여 두 변량 x, y를 각각 x좌표, y좌표로 하는 점 (x, y)를 좌표평면 위에 나타낸 그림입니다.

2 상관도 그리는 방법

① 한 변량을 x축, 다른 변량을 y축이라 하여 좌표평면을 만듭니다.

② 두 변량의 가장 작은 값과 가장 큰 값을 각각 찾아 일정한 간격으로 나누어 각 축에 수를 적습니다. 자료가 주어졌을 때 하는 동작입니다.

③ 각 자료를 순서쌍 (x, y)로 만들어 점을 찍습니다.

상관표

상관표가 무엇인지 알고 만드는 법을 알아봅니다.
상관표를 사용하는 이유와 그 장점을 이해합니다.

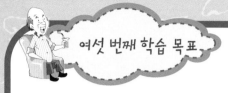

여섯 번째 학습 목표

1. 상관표에 대해 알아봅니다.
2. 상관표를 작성하는 법을 배웁니다.

미리 알면 좋아요

1. <mark>상관표</mark> 두 변량의 도수분포표를 함께 나타내어 서로의 관계를 알아보기 쉽게 만든 표

2. <mark>계급</mark> 변량을 일정한 간격으로 나눈 구간

3. 상관표는 두 변량의 분포 상태를 함께 살펴볼 수 있고, 상관도와 마찬가지로 두 변량의 상관관계를 알 수 있습니다.

4. 상관표 이용
 · 상관표의 한 칸의 수는 그 계급에 속하는 자료의 수를 나타내므로 상관표는 도수분포표의 역할을 합니다.
 · 분포 상태를 보고 상관관계의 경향을 알 수 있습니다.

5. 상관표에서 평균을 구할 때에는 필요한 부분만 따로 떼어 내어 그 부분의 도수분포표에서 구합니다.

6. 상관표는 상관도와 도수분포표의 역할을 동시에 합니다.

피어슨의
여섯 번째 수업

상관도를 배우느라 수고 많이 하였습니다. 이제는 상관표를 배울 차례가 왔습니다. 처음 내가 여러분들을 가르칠 때는 언제 상관표를 가르치게 될까 생각했는데 시간은 금방 흘러가는 것 같습니다. 벌써 상관표를 배우게 되니 말입니다.

상관표라는 것은 두 변량의 도수분포표를 함께 나타내어 서로의 관계를 알아보기 쉽게 만든 표를 말합니다. 도수분포표라는 것은 자료를 계급과 도수로 나타낸 표입니다. 상관표는 두 변량의 분포 상태를 함께 살펴볼 수 있고, 상관도와 마찬가지로 두 변량의 상관관계를 알 수 있습니다.

상관표를 만드는 방법에 대해 알아보도록 합니다.

중요 포인트

상관표 만드는 방법

1. 각 변량의 계급의 크기를 정합니다. 계급이란 변량을 일정한 간격으로 나눈 구간을 말합니다.

피어슨이 들려주는 두 집단의 비교 이야기

2. 가로는 오른쪽으로 갈수록, 세로는 위쪽으로 갈수록 변량의 값이 커지게 구간을 잡습니다.
3. 가로, 세로의 계급에 동시에 속하는 도수를 써 넣습니다.
4. 가로와 세로의 합계를 써 넣습니다.
5. 총합란에는 각 계급의 도수의 합계를 모두 더한 값을 씁니다. 도수란 각 계급에 속하는 자료의 수를 말합니다.

B \ A	소 ⟶ 대				합계
대					
	⟶ 도수				
소					
합계					총합

이런 상관표는 다음과 같은 경우에 이용합니다.

1. 상관표의 한 칸의 수는 그 계급에 속하는 자료의 수를 나타내므로 상관표는 도수분포표의 역할을 합니다.
2. 분포 상태를 보고 상관관계의 경향을 알 수 있습니다.

좀 어렵나요. 박군을 비롯하여 모두들 조용합니다. 쥐가 한 마리 옆에 죽어 있습니다. 그래서 쥐 죽은 듯이 조용한 것입니까?

다음은 서울특별시 농수산물공사에서 제공한 자료를 교과서에서 싣고 그것을 다시 우리 책에서 자료로 이용한 것임을 밝힙니다. 올 한 해 동안 양파의 가격과 그에 따른 양파의 소비량을 조사한 표입니다.

(단위: 원, 톤)

양파의 가격	양파의 소비량	양파의 가격	양파의 소비량	양파의 가격	양파의 소비량
389	3490	373	3950	334	4380
383	3650	336	4100	336	4060
367	3700	361	4090	339	4170
354	3800	365	3860	343	4240
368	3740	378	3910	335	4300
352	4100	346	4180	342	4010

이때, 양파의 가격과 양파의 소비량을 상관표로 만들어 보겠습니다. 단, 계급의 크기를 양파의 가격은 10원, 양파의 소비량은 200톤으로 합니다.

피어슨이 들려주는 두 집단의 비교 이야기

가격(원) 소비량(톤)	330이상 ~340미만	340이상 ~350미만	350이상 ~360미만	360이상 ~370미만	370이상 ~380미만	380이상 ~390미만	합계
4200이상~4400미만	2	1					3
4000이상~4200미만	3	2	1	1			7
3800이상~4000미만			1	1	2		4
3600이상~3800미만				2		1	3
3400이상~3600미만						1	1
합계	5	3	2	4	2	2	18

상관표에서 살펴보았지만 눈을 게슴츠레 뜨고 수들을 점으로 생각하면 점들이 아래로 내려가는 음의 상관관계로 보이지요. 이 상관표에서도 양파의 가격과 양파의 소비량은 음의 상관관계라는 것을 알 수 있습니다.

상관표는 두 변량의 분포 상태를 함께 살펴볼 수 있고, 상관도와 마찬가지로 두 변량의 상관관계를 알 수 있습니다. 이처럼 상관표는 상관도나 도수분포표의 역할을 동시에 할 수 있는 이중인격자(?)입니다.

학생들이 자주 하는 질문이 상관도와 상관표는 그게 그거 같은데 하나만 알면 안 되는가 하는 것입니다. 어떤 자료에서 같은 변량이 여러 개일 때 상관도를 그리면 여러 점이 한 점의 위치에 중복되어 나타나게 됩니다. 이런 경우 점의 개수는 실제 자료의 개수보다 적어집니다. 따라서, 상관도를 보고 도수를 셀 때에는 구별해 내기가 어려울 수 있습니다.

하지만 상관표의 경우에는 동일한 변량이 있어도 표 안에 숫자를 쓰므로 도수를 확실히 알 수 있는 점이 좋습니다. 두 자료에 대한 상관표는 각 자료에 대한 도수분포표를 포함하고 있으므로 상관관계도 알 수 있고 평균도 구할 수 있습니다. 어떤 구간에 속하는 도수의 전체에 대한 비율도 구할 수 있고요.

그럼 상관도를 배우지 않고 상관표만 배우면 되겠다는 생각이 왼쪽 머리를 스치고 지나가지요. 상관관계의 정도를 판별하는 것은 상관도가 시각적으로 훨씬 편합니다.

빨리 파악하기에는 상관도가 그만이에요. 단칼에 알 수 있는 것이 상관도입니다.

그리고 상관표를 만들 때 하나의 요령을 알려 주지요. 조사한 자료 중 가장 작은 값과 가장 큰 값을 찾아 계급의 개수가 5~6개 정도 되도록 계급의 크기를 적당히 잡아서 상관표를 만드는 것이 유리합니다.

　상관표 만드는 것을 박군이 다시 정리했습니다. 박군이 정리한 것을 잘 읽고 문제를 통해서 자세히 알아보고 이번 수업도 마무리하도록 합니다. 일찍 수업을 마치려고 하자 아이들이 와아 하면서 너무 좋아합니다.

박군이 일러주는 상관표 만드는 방법

1. 두 변량의 최댓값과 최솟값을 찾아, 계급의 크기를 정해야 합니다.
2. 가로축은 왼쪽에서 오른쪽으로 갈수록 변량의 값이 커지게 잡아야 합니다.
3. 세로축은 아래에서 위로 갈수록 변량의 값이 커지게 합니다.
4. 해당하는 칸에 속하는 자료의 개수를 찾아 쓰고, 합계를 써 넣습니다.

박군은 2, 3번 설명을 하면서 코를 막습니다. 아직 변량이 그것이라 생각하나 봅니다.

이제 상관표에서 기준을 정하는 요령을 살펴보겠습니다. 지금부터는 내가 설명을 하겠습니다.

상관표에서 '이상(초과) / 이하(미만)'이라는 말이 나오면 먼저 다음과 같은 기준선을 긋습니다. 단, 초과와 미만은 기준선을 포함하지 않습니다.

영어 \ 국어	1	2	3	4	5	합계
5						
4						
3						
2						
1						
합계						(총합)

(기준선 → 국어 4이상 영어 3이상, 국어 4이하 영어 3이하)

상관표에서 '높은', '낮은', '같은' 처럼 비교의 말이 나오면 기준선대각선부터 긋습니다. 그렇게 하여 대소비교를 하면 쉽습니다.

y \ x	1	2	3	4	5	합계
5						
4						
3						
2						
1						
합계						

($x<y$, $x=y$, 기준선, $x>y$)

또 상관표에 관한 문제로 '합이 몇 점 이상' 또는 '평균이 몇 점 이상' 이라는 말이 나오면 먼저 기준선대각선을 긋고 생각합니다. 예를 들어 두 과목의 합이 6점 이상과 평균이 3점 이상과 같다면 다음과 같이 표를 생각하면 됩니다.

y \ x	1	2	3	4	5	합계
5						
4						
3						
2						
1						
합계						

기준선

합이 6점 이상
(＝평균 3점 이상)

상관표에서 두 수의 차라는 말이 나오면 다음과 같이 기준선을 2개 그어서 생각하면 쉽습니다.

y \ x	1	2	3	4	5	합계
5						
4						
3						
2						
1						
합계						

두 수의 차가 2

피어슨이 들려주는 두 집단의 비교 이야기

누군가가 말했습니다. 배운 것을 익히지 않으면 안 된다고. 그래서 문제를 하나 풀어 보겠습니다. 박군의 아이들이 그놈이 누구냐며 뭔가를 준비해서 달려가려고 합니다. 그래서 나는 그들을 진정시키며 그 말 한 사람 옛날에 돌아가셨다고 말했습니다. 박군의 아이들, 아직도 흥분하여 씩씩거립니다. 좀 쉬운 문제 하나만 풀고 마치겠습니다. 박군 아이들의 심정이 이해가 갑니다.

한 회원이 감기로 골골대자, 동아리 짱이 춤으로 몸을 단련해야 할 춤꾼이 감기로 골골대는 것이 말이 되냐며 운동을 하라고 했습니다.

그 결과 다음과 같은 상관표를 만들게 되었습니다. 중간 중간 빠진 것을 알아보고 물음에도 답해 봅니다.

감기에 걸린 횟수 / 운동시간	1	2	3	4	5	합계
3이상~4미만	1					1
2이상~3미만	3	5	A			B
1이상~2미만		7	3	2		12
0이상~1미만			4	2	1	7
합계	4	12	C	4	1	32

A＋B＋C의 값은 얼마입니까?

일단 C부터 구해 봅니다. 4＋12＋C＋4＋1＝32가 되어야 합니다. 합계의 가로줄과 세로줄이 일치해야 하거든요. 잘 더해서 계산해 보면 C＝11이 됩니다.

C를 알았으면 A를 찾아보겠습니다. C 자리에 일단 11을 써 두세요. 그리고 A＋3＋4＝11이 됩니다. 책이라서 가로로 나타냈지만 그림에는 세로로 나와 있는 수입니다. 감기에 걸린 횟수 3회 부분의 세로줄의 합을 계산하는 것입니다. A는 4가 나옵니다. A가 4라는 사실을 알게 되었으면 바로 A자리에 4를 씁니다. 그리고 나서 다음 동작으로 잽싸게 3＋5＋4＝B가 됨을 이용하여 B를 구해 봅니다. 아, 이 식은 운동 시간 2 이상 3 미만의 가로줄에서 찾아낸 것입니다. B는 12가 됩니다. 그래서 A＋B＋C의 값은 27이 됩니다.

회원들이 감기에 걸린 횟수의 평균을 구해 보겠습니다. 단, 계산이 딱 떨어지지 않아서 소수 둘째 자리에서 반올림 할 것입니다. 이때, 박군이 소수 셋째 자리를 보고 "불만 없지?"라고 말하니 소수 셋째 자리, 박군의 인상에 눌려 아무 말 못합니다.

한번 걸린 사람 수는 1＋3＝4, 두 번 걸린 사람은 5＋7＝12,

세 번은 11, 네 번은 4, 다섯 번은 1명입니다. 다섯 번이나 걸리는 회원은 좀 잘라야겠습니다. 그렇게 약해서 어디에 쓰겠습니까?

평균 구하는 식은 앞에서 배웠지만 세월이 많이 흐른 관계로 식을 다시 보여 주겠습니다.

$$평균 = \frac{1 \times 4 + 2 \times 12 + 3 \times 11 + 4 \times 4 + 5 \times 1}{32} = \frac{82}{32} = 2.5625$$

약속대로 소수 둘째 자리에서 반올림 하면 2.6회가 됩니다. 마지막 문제 하나 더 풀어 보겠습니다.

문제

위의 상관표와 같은 상관관계가 있는 것을 모두 골라 보쇼. 답이 2개랑게요.

1. 형님과 잔심부름   2. 주먹 크기랑 학교 성적

3. 나쁜 행동과 손가락질   4. 몸무게가 늘어남과 민첩성

5. 가방 끈과 행복한 삶

1번부터 풀이하면 형님이 될수록 잔심부름은 줄어듭니다. 그래서 1번은 음의 상관관계에 있습니다. 2번은 주먹이 크다고 해

서 공부를 잘하는 것이 아니므로 아무 상관관계가 없습니다. 3번은 나쁜 행동을 많이 할수록 손가락질을 많이 받으므로 양의 상관관계가 있습니다. 4번은 몸무게가 늘어나면 대체적으로 둔해지므로 음의 상관관계가 됩니다. 5번 가방 끈이 길다고 다 행복하지는 않습니다. 그래서 5번은 상관관계가 없습니다. 5번을 알고 나니 좀 쉬어야겠습니다. 다음 수업에서 보도록 합니다.

피어슨이 들려주는 두 집단의 비교 이야기

여섯 번째
수업 정리

상관표 만드는 방법

① 각 변량의 계급의 크기를 정합니다. 계급이란 변량을 일정한 간격으로 나눈 구간을 말합니다.

② 가로는 오른쪽으로 갈수록, 세로는 위쪽으로 갈수록 변량의 값이 커지게 구간을 잡습니다.

③ 가로, 세로의 계급에 동시에 속하는 도수를 써 넣습니다.

④ 가로와 세로의 합계를 써 넣습니다.

⑤ 총합란에는 각 계급의 도수의 합계를 모두 더한 값을 씁니다. 도수란 각 계급에 속하는 자료의 수를 말합니다.

상관계수

상관관계를 수치로 나타낸 상관계수의 의미를 알아보고
그래프를 통해 이해합니다.

1. 상관계수에 대해 알아봅니다.
2. 상관계수의 활용성을 알아봅니다.

미리 알면 좋아요

통계학統計學은 응용 수학의 한 분야로서 명확하지 않은 관찰 결과를 수집하고 해석하는 작업을 포함합니다. 확률론은 통계 이론을 정립하기 위한 필수 도구입니다. 통계학statistics은 확률을 뜻하는 라틴어 단어인 statisticus로부터 유래하였습니다. 또한 정치가를 뜻하는 이탈리아어인 statista로부터 유래했다는 설도 있습니다.

많은 분야의 연구에서 주어진 문제에 대하여 적절한 정보자료, data를 수집하고 분석하여 해답을 구하는 과정은 아주 중요합니다. 이런 방법을 연구하는 과학의 한 분야가 통계학입니다.

통계학을 필요로 하는 연구 분야는 농업, 생명과학, 환경과학, 산업연구, 품질보증, 시장조사 등 매우 많습니다. 또한 이러한 연구방식은 기업체와 정부의 의사결정 과정에서 현저하게 나타납니다. 주어진 문제에 대하여 필요한 자료의 형태, 자료를 수집하는 방법, 문제에 대한 최선의 답을 구하기 위한 분석방법을 결정하는 것이 통계학자의 역할입니다.

피어슨의
일곱 번째 수업

　우리는 실생활에서 '저 녀석은 열심히 공부하니까 커서 훌륭한
사람이 될거야' 라고 하는 것처럼 두 개의 변수를 가지고 관계를
많이 따집니다. 그러한 관계를 따지는 것을 수학에서는 관계성이
라고 합니다.

　이러한 관계성을 수적으로 나타내기 위해 상관관계라는 것을
배웁니다. 하지만 이러한 상관관계는 앞에서 살짝 말했듯이 인과
관계원인과 결과를 말하는 것와는 좀 차이가 있습니다.

상관관계는 변수 두 개를 사용합니다. 하지만 일상생활에서 일어나는 일은 꼭 두 변수만 작용하는 것이 아닙니다. 그래서 두 변수만으로는 인과 관계를 다 설명할 수 없습니다. 하지만 대략적인 관계를 설명하기에 아주 유용합니다.

상관관계는 '관계가 있다, 관계가 없다' 로 끝내는 것이 아니라 어느 정도 관계가 있느냐에 초점을 맞추고 있습니다. 그러한 관

계를 나타내는 지수를 상관계수라고 부릅니다. 이것을 보통 기호 r이라고 합니다. r알인거 알아요? 오래간만에 썰렁한 말장난 한 번 해 봅니다. 수업만 진행하니 내가 심심해서 그런 것입니다. 이해해 주세요.

상관계수 값은 −1에서 +1의 범위를 갖습니다. +값을 갖는 상관을 정적 상관이라고 부르고 −값을 갖는 상관을 부적 상관이라고 부릅니다.

물론 우리는 이런 것을 부르기조차 싫습니다. 수학은 학생들의 적이니까요. 하지만 여러분은 내가 싫은 것은 아니지요. 잠깐 대답하지 마세요. 여러분의 진심을 듣고 싶지 않아요. 무조건 나는 여러분들의 좋은 말만 듣고 싶습니다.

다음 표를 이용하여 $r = \pm 1$이 무엇을 말하는지 알아봅니다.

회원들의 몸무게(kg)	무게 들기(kg)	민첩성	IQ
90	100	70	80
92	103	60	100
94	106	50	70
96	109	40	90

박군은 수업을 위해 회원들을 모아 주세요. 박군은 동아리를 떠나서 회원들을 모으기가 좀 껄끄럽습니다.

우리 학생들을 위해 박군은 그런 것쯤은 감수할 수 있다고 말해 주었으면 멋졌을 텐데 그냥 투덜대며 회원들을 모았습니다.

원래는 자료가 많아야 정확하지만 회원들이 동아리를 떠난 박군의 말을 잘 따르지 않습니다. 하지만 이 정도의 자료로도 상관계수를 배울 수 있습니다. 박군, 수고 많이 했습니다.

앞의 표는 회원들의 몸무게, 무게 들기, 민첩성, IQ를 나타낸 것입니다. 몸무게가 정확히 2kg씩 커지면 무게는 3kg씩 더 들 수가 있습니다. 몸무게가 2kg씩 늘어나면 민첩성은 10씩 줄고 있습니다.

몸무게가 늘면 더 무거운 것을 들 수 있고 몸무게가 적으면 더 무거운 것을 들지 못합니다. 즉, 정확하게 같이 증가하고 같이 감소합니다. 이러한 경우에 정적 상관관계를 가진다고 하며, 상관계수는 +1이라고 할 수 있습니다.

조직원들의 몸무게와 민첩성은 몸무게가 늘수록 민첩성은 오히려 떨어지고 있습니다. 하나가 오르면 다른 하나는 내려가고, 하나가 내려가면 다른 하나는 올라가는 시소같은 경우를 우리는 부적 상관관계라고 부릅니다.

이때 박군이 자신의 품에서 부적 하나를 꺼냅니다. 나는 그 부적을 다시 박군 품으로 돌려 넣으며 그 부적이 아니라고 말합니다.

이때의 상관계수는 −1이 됩니다. 부적이라는 말은 '부정적', 또는 '반대 개념의' 라는 뜻이 약간 들어간 말입니다.

그런데 앞의 표를 다시 보세요. 몸무게와 IQ는 일정한 관계를 보이지 않습니다. 그래서 이 둘의 상관관계가 정확히 +1 혹은 −1이라고 말할 수 없으며, 이런 상관계수r는 $-1 < r < 1$ 사이 어디에 있을 것이라는 생각을 할 수 있습니다.

다음 그림을 보면 이해가 더 빠를 것입니다.

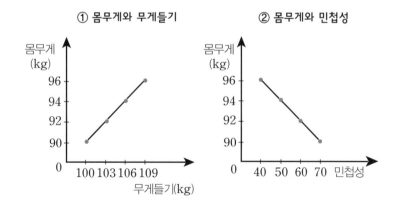

① 몸무게와 무게들기   ② 몸무게와 민첩성

③ 몸무게와 IQ

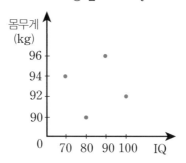

그림 ①에서 회원들의 몸무게가 2kg씩 늘어날 때, 정확하게 3kg의 무게를 더 들어서 r은 +1이 됩니다. 그래서 그것을 연결하면 직선이 되지요.

그리고 그림 ②는 몸무게가 2kg 늘어나면 민첩성이 10씩 줄어들어서 직선으로 나타납니다. 몸무게와 민첩성은 관계가 반대로 되므로 상관계수 $r = -1$입니다.

그림 ③을 봅시다. 몸무게와 IQ에 자를 대고 한번 직선을 그으려고 아무리 노력해도 불가능합니다. 그래서 일직선을 그리지 못하고 분산 되어 상관계수는 +1이나 −1이 되지 못합니다.

이러한 상관계수를 수학자들이 만들었습니다. 물론 나도 참여했지만요. 학생들에게 미움을 살 일이지만 통계학에서는 아주 중요하게 쓰인답니다. 이런 것도 있구나 생각하며 부담 없이 보세요.

상관계수

두 변량 x, y의 값을 (x_1, y_1), (x_2, y_2), $\cdots$, (x_n, y_n)이라 하고, 그 도수를 $f_1, f_2, \cdots, f_n$이라고 하면, x의 표준편차를 σ_x, y의 표준편차를 σ_y, 상관계수를 r이라 할 때 다음과 같은 식이 만들어집니다.

$$r = \frac{\sum (x_i - x)(y_i - y)}{N\sigma_x\sigma_y} = \frac{1}{N} \frac{\sum (x_i - x)(y_i - y)}{\sigma_x\sigma_y}$$

$|r| \leq 1$

$r > 0$이면 양의 상관관계

$r < 0$이면 음의 상관관계

$|r| > 0.5$이면 높은 상관관계

$|r| < 0.3$이면 낮은 상관관계

마치 스타크래프트를 모르는 내가 그 오락의 규칙을 따져 보는 것처럼 이해하기가 쉽지가 않습니다. 그러므로 그냥 넘어갑니다. 훌쩍.

그런데 여러분 나의 이름을 기억합니까?

나는 피어슨이라는 수학자입니다. 서로 이름을 기억해 주면 참 좋은 일이지요.

나의 업적으로는 상관계수를 찾는 방법이 있습니다. 사람들은 피어슨 상관계수라고 불러 주지요. 물론 여러분들에게는 끔찍하게 생긴 공식일 수도 있습니다.

두 가지 방법에 의한 상관계수가 있는데 하나는 표준점수에 의한 상관계수이고 다른 하나는 원점수에 의한 상관계수입니다. 내가 만든 것이니까 어렵더라도 한번 봐주세요. 일단 원점수에 의한 상관계수입니다.

$$r = \frac{\dfrac{\sum XY}{N} - \overline{XY}}{S_x S_y}$$

공식에서 N은 사례수이고 X는 두 분포 중에서 첫 번째 분포의 각 점수입니다. 그럼 Y는 두 분포 중에서 두 번째 분포의 각 점수이지요. $\overline{X}$는 첫 번째 분포의 평균값이 되겠습니다. $\overline{Y}$는 두 번째 분포의 평균값이 됩니다.

또 뭐가 있나요. S_x는 첫 번째 분포의 표준편차입니다. 앞에서 표준편차를 살짝 공부한 적이 있지요. S_y는 두 번째 분포의 표준편차입니다. $\sum XY$는 두 분포에서 쌍이 되는 점수들의 곱의 합입니다.

주변을 둘러보니 박군을 비롯하여 다 자고 있습니다. 정말 너무 하네요. 이 책의 주인공이 만든 상관계수에 대한 이야기를 하는 데 전원 다 자다니 정말 섭섭합니다.

기상!

표준 점수에 의한 상관계수는 안하려고 했지만 화나서 꼭 해야겠습니다.

도저히 안되겠군요. 몰라도 눈이라도 뜨고 계세요.

$$r = \frac{\sum Z_x Z_y}{N}$$

공식에서 $Z_x = \frac{(X - \overline{X})}{S}$, $Z_y = \frac{(Y - \overline{Y})}{S}$, N은 사례수입니다.

윽, 모두들 머리를 푹 숙이고 졸고 있습니다. 도저히 설명하고 싶은 기분이 아닙니다.

내용도 쉽지는 않지요. 하지만 통계학에서는 아주 유용하게 쓰이는 상관계수입니다. 이번 수업을 마칩니다.

다음 수업에서는 일상생활에서 유용하게 응용되는 것들을 좀 알아보겠습니다. 고생했습니다.

상관계수

두 변량 x, y의 값을 (x_1, y_1), (x_2, y_2), $\cdots$, (x_n, y_n)이라 하고, 그 도수를 $f_1, f_2, \cdots, f_n$이라고 하면, x의 표준편차를 σ_x, y의 표준편차를 σ_y, 상관계수를 r이라 할 때 다음과 같은 식이 만들어 집니다.

$$r = \frac{\sum (x_i - x)(y_i - y)}{N\sigma_x \sigma_y} = \frac{1}{N} \frac{\sum (x_i - x)(y_i - y)}{\sigma_x \sigma_y}$$

$|r| \leq 1$

$r > 0$이면 양의 상관관계

$r < 0$이면 음의 상관관계

$|r| > 0.5$이면 높은 상관관계

$|r| < 0.3$이면 낮은 상관관계

통계의 허와 실

기준에 따라 달라지는 생활 속 통계의 허와 실에 대해
알아봅니다.

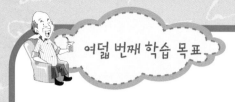

여덟 번째 학습 목표

통계에 대해 알아봅니다.

미리 알면 좋아요

1. **퍼센트** 백분비라고도 합니다. 전체의 수량을 100으로 하여, 생각하는 수량이 그 중 몇이 되는가를 가리키는 수퍼센트로 나타냅니다. 기호는 %입니다. 이 기호는 이탈리아어 cento의 약자인 %에서 왔습니다. 100분의 10.01이 1%에 해당합니다. 오래 전부터 실용계산의 기준으로 널리 사용되고 있습니다.

2. **여사건** 어떤 시행에서 사건 A에 대하여 'A가 일어나지 않는다'라는 사건을 사건 A의 여사건이라 하고 A^c로 나타냅니다. 사건 A와 사건 A^c는 서로 배반사건입니다. 이를테면 한 개의 주사위를 던지는 시행에서 사건 $A=\{1, 3, 5\}$의 여사건은 $A^c=\{2, 4, 6\}$이고, 이 두 사건은 서로 배반합니다.

3. **확률** 하나의 사건이 일어날 수 있는 가능성을 수로 나타낸 것으로 같은 원인에서 특정의 결과가 나타나는 비율을 뜻합니다.

당 당 당 당 당 디리링 디리링 추적 60분 경음악이 나오고 박군과 아이들이 검정 양복을 입고 서 있습니다. 어디서 많이 본 장면입니다.

오늘은 통계의 허와 실을 속 시원히 파헤쳐 보겠습니다. 예정보다 많은 시간이 걸릴 수도 있습니다. 통계란 놈이 만만한 것이 아니거든요. 통계는 때로는 100% 믿을 것이 아닙니다.

일단 퍼센트라는 말을 꺼냈으니 여기서부터 따져 나가겠습니다. 퍼센트는 우리가 평상시에 믿을 만한 수치를 나타낼 때 많이 쓴니다. 퍼센트는 소수점까지 동원하여 우리에게 믿음을 줍니다. 가령 3.45%라고 말이죠. 그러나 퍼센트를 구할 때 기준을 무엇으로 두느냐에 따라 다른 결과를 가져 올 수 있습니다.

용돈이 10,000원이라고 가정할 때, 10,000원에서 11,000원으로 오르면 10% 오른 것이 맞습니다. 1,000원이 오른 셈입니다. 그런데 용돈을 받는 사람 입장에서 적게 오른 것처럼 보이고 싶습니다. 이때 오른 금액 11,000원을 기준으로 11,000원 분의 1,000원으로 계산해보면 9%로 퍼센트를 만들 수 있습니다. 10% 오른 것 보다 9% 올랐다면 왠지 적게 오른 느낌이 확 전해집니다. 만원보다 9,900원이 싸게 느껴지는 것처럼 말이죠.

피어슨이 들려주는 두 집단의 비교 이야기

그래프에서도 이런 조작극이 좀 보입니다. 박군! 그 조작극을
꾸민 두 그래프를 체포해서 보여주세요.

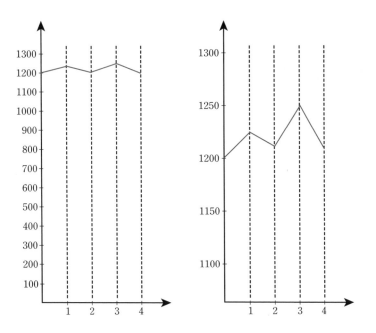

두 녀석의 그래프는 똑같은 자료를 이용하여 만든 그래프입니
다. 하지만 눈으로 봤을 때는 전혀 다른 느낌이지요. 그래서 이
녀석들이 사기로 붙잡혀 온 것입니다. 이놈들, 사실대로 불어!

이놈들의 수법을 자세히 밝혀 봅시다. 그래프 세로축의 눈금
간격을 어떻게 잡느냐에 따라 그래프의 증가와 감소가 심하게 혹
은 거의 안 느껴지게도 할 수 있습니다. 그래서 이런 그래프를 사

용하는 사람들의 목적에 따라 그래프가 조작될 수 있습니다. 하지만 완전 조작은 아닙니다. 사실을 근거로 다르게 보이게 만드니까 더 간사한 경우가 되는 겁니다.

저번에 박군이 패밀리 레스토랑에 간 적이 있습니다. 박군, 저번에 음식 먹고 나서 느끼하고 토 나올 것 같아 레스토랑이 맞냐며 나에게 말한 그 식당 기억합니까? 박군의 식성은 전통 한식에 맞는 입맛이라 그런 곳에서 먹은 음식은 음식 같지 않다며 집에 가서 따로 김치를 먹었다고 합니다. 내가 계산을 할 때 밥값에 10%의 봉사료가 붙은 것 기억하지요? 그래서 내가 20% 할인이 되는 카드로 계산을 했습니다.

그런데 만약 순서를 바꾸어 내가 카드를 먼저 내고 음식 값에 20% 할인을 받고 10%의 봉사료를 지불한다면 그 결과는 어떻게 될까요? 박군은 머리 아파 또 토가 나올 것 같다고 합니다. 결과는 같습니다. 계산해 보겠습니다. 계산을 해보겠다는 말에 박군은 더욱 심하게 토하며 기절해 버립니다.

밥값은 10,000원을 기준으로 하겠습니다. 봉사료 10%를 먼저 내면 11,000원입니다. 여기서 20%를 할인하면 8,800원이 됩니다. 그런데 두 번째 경우를 살펴보면 10,000원에서 20%를 먼저

피어슨이 들려주는 두 집단의 비교 이야기

할인 받으면 8,000원이 됩니다. 거기서 10%의 봉사료를 800원 더하면 역시 값은 8,800원이 됩니다. 그게 그거니까 앞으로 이 부분에서는 더 이상 따지지 말도록 합니다. 더 이상 따지지 않겠다는 말에 박군의 정신이 돌아옵니다.

이 이야기는 박군이 동아리에 몸을 담고 있을 때 겪었던 웃지 못할 일입니다. 물론 통계의 허와 실에 관계되는 이야기입니다. 박군이 평균을 잘못 생각하여 회원들을 익사시킬 뻔한 이야기지요.

박군이 훈련을 목적으로 회원들을 강을 건너게 해야 하는데 강 옆에 메모판이 있었습니다. 그 메모판에는 이 강의 평균 수심은 145cm라고 적혀 있었습니다. 그래서 박군은 자신의 작은 뇌로 생각을 하였습니다. 회원들 중에서 키가 145cm는 없고 회원의 평균 키가 170cm이니까 걸어서 강을 건널 수 있다고 판단하고 건너기 시작했습니다.

　　그런데 이게 웬일인가요. 강의 중간 정도를 건너는데 모두들 물에 빠져 허우적거리는 것입니다. 일부는 개헤엄으로 살아나오고 일부는 내가 신고하여 119의 도움으로 모두 살았지만 하마터면 회원들을 위험으로 빠트릴 뻔했습니다.

피어슨이 들려주는 두 집단의 비교 이야기

이와 같은 결과의 잘못된 판단은 무엇일까요? 그렇습니다. 강수심의 평균이 145cm라는 것이지 강의 모든 수심이 145cm라는 말은 아닙니다.

이와 같이 평균만으로는 전체적인 상황을 판단할 수 없으므로 자료의 분산, 표준편차, 최댓값 등이 필요한 것입니다. 그래서 박군은 오늘 나의 통계 수업을 듣고 보조해 주는 것입니다. 박군, 얼굴 드세요. 지난 부끄러운 과거는 잊으세요. 지금이라도 공부하면 되잖아요. 박군은 얼굴을 들지 못합니다. 내가 다가가서 어깨를 잡으니 앞으로 고꾸라지며 잠을 잡니다. 윽, 부끄러워서 얼굴을 못 드는 것이 아니라 자고 있었던 것입니다. 박군이 마음을 잡고 동아리를 떠난 것이 아니라 동아리에서 쫓겨난 것이 아닐까요?!

이제 좀 다른 이야기를 해 보겠습니다. 박군이 전에 있던 동아리 회원들의 생일이 박군과 같을 확률에 대해 알아보겠습니다. 설마 같을까라고 생각할 수도 있습니다. 하지만 결과는 의외입니다. 보세요.

1년은 365일이므로 366명이 있어야 한 쌍 정도 생일 같은 사람이 생길 것 같습니다. 그런데 30명 정도의 동아리 안에서 생일이 같은 사람이 종종 있었습니다. 박군이 일일이 회원들의 생일 케이크를 줘 봐서 안다고 합니다.

그래서 한 팀이 30명일 때 생일이 같은 사람이 있을 확률을 구해 보도록 하겠습니다. 먼저, 생일이 같다는 것은 2명, 3명, … , 30명이 생일이 같아도 되므로 경우의 수가 많아집니다. 이런 경우에는 생일이 모두 다를 경우를 생각합니다.

두 사람이 있을 때 한 사람의 생일이 a월 a일이라면 다른 한 명은 이 날을 제외한 364일 중 어느 날이어야 합니다. 따라서, 2명이 생일이 다를 확률은 $\dfrac{364}{365}$입니다.

세 사람이 있을 때, 세 번째 사람의 생일은 앞의 두 명의 생일과 달라야 하므로 3명의 생일이 다를 확률은 $\dfrac{364}{365} \times \dfrac{363}{365}$입니다. 이처럼 30명의 생일이 모두 다를 확률은,

$$\frac{364}{365} \times \frac{363}{365} \times \cdots \times \frac{336}{365}$$

입니다. 따라서 한 팀에서 생일이 같은 사람이 있을 확률은,

$$1 - \frac{364}{365} \times \frac{363}{365} \times \cdots \times \frac{336}{365}$$

입니다. 이것은 여사건의 확률을 이용한 것입니다.

여사건의 확률 ＝(전체 사건의 확률) －(반대 사건의 확률)

전체 사건의 확률은 언제나 1이 됩니다. 왜냐고요? $\dfrac{전체}{전체}=1$
이 되니까요.

$1-\dfrac{364}{365}\times\dfrac{363}{365}\times\cdots\times\dfrac{336}{365}$ 의 계산은 손으로 하지 마세요. 기절하니까요. 계산기를 사용하면 약 0.7입니다. 이것을 퍼센트로 고치면 70%가 됩니다. 생각보다 30명의 동아리에서 같은 생일인 사람이 나올 경우는 상당히 높습니다. 신기하지요.

통계는 수학에 기초를 두고 있지만 그 내용이 과학적이면서 한편으로는 예술적인 면이 있습니다. 객관적이지만 주관적인 포장이 얼마든지 가능하다는 소리도 됩니다. 그래서 책에 보면 통계라는 말에 허구라든지 마술이라는 용어를 붙여 쓰기도 합니다.

영국의 유명한 정치가인 디즈레일리는 '거짓에는 세 가지가 있어. 거짓과 새빨간 거짓, 그리고 통계가 그것이다'라고 말했습니다.

앞에서 우리가 봤듯이 사실 통계는 작성 대상과 분석 방법에 따라 그 결론이 정반대로 나오는 경우가 허다합니다. 백화점의 세일기간 중 '지금 물건을 구입하면 값을 100%나 절약할 수 있다'는 선전 문구를 쉽게 발견할 수 있습니다. 1만 원짜리 물건을 5천 원으로 할인해 주면서 그와 같은 표현을 합니다. 산술적으로는 50%를 할인한 것입니다.

그러나 정상 가격이었다면 1만 원으로 1개 밖에 살 수 없었던 것을 지금은 2개를 살 수 있으니 100%가 절약된다는 표현도 무리가 아닐 성 싶습니다. 하지만 묘한 분위기를 자아내는 통계의 허와 실이 아닌가 생각합니다. 새로운 가격, 즉 5천 원을 기준으로 하면 분명 100%가 줄어든 것이니까요.

얼마 전 우리나라 이혼율이 세계 최고의 이혼율, 즉 두 쌍 중에 한 쌍은 이혼한다는 말도 안 되는 수치가 나왔습니다. 이 주장에는 통계의 허와 실이 숨어 있습니다.

우리나라 2002년 결혼 대비 이혼율이 47.4%라 발표하여 한바탕 난리가 났지요. 하지만 이 수치계산은 $\frac{2002년\ 전체\ 이혼}{2002년\ 전체\ 혼인}$을 백분율로 표시한 것입니다. 이런 방식이 말도 안 되는 방식인 것입니다.

2002년 결혼한 사람들은 그렇다 쳐도, 2002년 이혼한 사람들은 수십 년 동안 결혼한 사람들 중에서 2002년 한 해에 이혼한 사람들에 불과합니다. 절대적인 수치에 있어서 당연히 이혼한 커플이 많습니다. 그래서 통계는 기준을 어디다 두느냐에 따라 엄청난 결과의 차이를 가져 올 수 있습니다.

사람이 하는 일이라 완벽한 것은 없지만 통계를 다루는 사람은 공정하여야 합니다. 그래서 뉴스나 신문에서 왜곡된 통계 자료를 유심히 살펴야 합니다. 박군은 신문은 믿을 것이 못된다며 흥분합니다. 흥분한다고 될 일이 아닙니다. 그래서 우리는 통계를 알아야 하고 배워야 하는 것입니다.

다음 수업에서는 좀 재미난 신화 이야기를 들려 줄게요. 모두들 100% 기대를 하고 있습니다. 하지만 100%를 너무 믿지 마세요. 기준이 무엇이냐에 따라 달라집니다.

여덟 번째
수업 정리

여사건의 확률＝(전체 사건의 확률)－(반대 사건의 확률)

전체 사건의 확률은 언제나 1이 됩니다.

평균에 대한
허와 실

신화를 통해 평균에 대한 그릇된 생각을 살펴봅니다.
또한, 도수의 합이 다른 두 집단을 가지고 전체 평균을
구해봅니다.

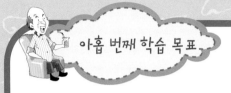

평균에 대한 이야기를 알아봅니다.

미리 알면 좋아요

프로크루스테스는 '늘이는 자' 또는 '두드려서 펴는 자'를 뜻하며 폴리페몬 또는 다마스테스라고도 합니다. 아테네 교외의 케피소스 강가에 살면서 지나가는 나그네를 집에 초대한다고 데려와 쇠 침대에 눕히고는 침대 길이보다 짧으면 다리를 잡아 늘이고 길면 잘라 버렸습니다. 아테네의 영웅 테세우스에게 자신이 저지르던 악행과 똑같은 수법으로 죽임을 당하였습니다.

이 신화에서 '프로크루스테스의 침대' 및 '프로크루스테스 체계'라는 말이 생겨났습니다. 이것은 융통성이 없거나 자기가 세운 일방적인 기준에 다른 사람들의 생각을 억지로 맞추려는 아집과 편견을 비유하는 관용구로 쓰입니다.

피어슨의
아홉 번째 수업

　내가 오늘 들려줄 이야기는 프로크루스테스의 평균화에 관한
이야기입니다. 이 이야기는 《그리스 로마신화》를 통해 알 수 있
습니다.

　《그리스 로마신화》는 가장 인간적인 신화입니다. 저자는 T.불
핀치인데 옆에 있는 박씨가 저쪽 조직에 뺀치라는 녀석이 있는데
그 사람이냐고 해서 그런 사람이 아니라고 말했습니다. 뭐 눈에
는 뭐만 보이나 봅니다.

아테네의 왕 아이게우스와 트로이젠의 왕녀 아이트라 사이에 아들이 태어났습니다. 물론 사랑을 한 결과 태어났죠. 박군 당연한 것을 왜 태어났냐고 묻지 마세요. 이야기의 흐름이 끊어집니다. 태어난 아이가 테세우스입니다. 아이게우스는 원래 자신의 나라로 돌아가려고 합니다. 박군은 "뭐야 그럼 아이게우스가 정상적인 사랑이 아닌 것 맞네요"라고 나에게 항의합니다. 그래서 나는 그리스 신들은 다 그렇다고 했습니다.

그러자 테세우스의 어머니 아이트라가 자신의 이름과 발음이 비슷하게 아이는 두라고 했습니다. 아이트라! 테세우스의 아버지 아이게우스는 자신의 이름처럼 아이는 괜찮은지 그렇게 하라고 했습니다. 아이게우스.

아이게우스는 트로이젠을 떠나면서 아이트라에게 이렇게 말했습니다.

"내 칼과 구두를 이 커다란 돌 밑에 놓고 가오. 테세우스가 커서 그 아래의 칼과 돌을 꺼내면 나를 찾아오라고 하시오."

이렇게 해서 테세우스는 어머니가 기르게 되었습니다. 보통 이때가 되면 이야기는 '세월은 흘러'라고 말합니다. 역시 우리의 이야기도 세월이 흘러 테세우스가 청년이 되어 민증이 생길 나이가 되었습니다.

어머니는 아버지 아이게우스의 말을 테세우스에게 전합니다. 그래서 당연히 테세우스의 아버지를 찾는 여행이 시작됩니다. 세상에 어떤 힘든 고난과 역경이 있을지 모르는 모험의 세계로 테세우스는 떠나게 됩니다.

그 여행을 이 책에서 다 말한다면 이 책은 제목이 바뀌어야 할 것입니다. 우리 책과 관련이 있는 프로크루스테스의 침대에 관한 일화만 들려주겠습니다. 아이들이 "아~" 하지만 어쩔 수가 없습니다. 아쉽지만 이 이야기만 들으세요. 다음에 기회 되면 들려주겠습니다.

프로크루스테스는 괴팍하고 잔인한 괴물입니다. 그의 별명은 '늘이는 자' 라고 합니다. 그의 만행은 지나가는 사람들을 붙잡아 자신의 쇠 침대에 눕히고 이렇게 말했다고 합니다.

"네 키와 이 침대를 재어 보아서 똑같으면 살려주겠다."

그렇게 사람을 눕혀 키가 크면 긴만큼 칼로 싹둑 잘라 버립니다. 또 침대보다 사람이 작으면 목과 허리와 다리와 발목을 인정사정없이 잡아 늘렸습니다. 그러니 결박을 당한 시민은 결국 죽게 되었습니다.

보통 이때 주인공이 등장합니다. 테세우스 등장이오. 테세우스의 힘에 프로크루스테스는 적수가 되지 못했습니다. 테세우스는 프로크루스테스가 사람들을 괴롭혔던 그 침대에 눕혀 죽여 버렸습니다. 자신이 만든 것에 의해 죽음을 당한 것입니다.

그렇습니다. 오늘날 우리들은 '프로크루스테스의 평균화'라는 말을 비유로 사용합니다. 이 말은 하나의 틀을 설정해 놓고 모든 것을 그 속에 꼭꼭 틀어 맞춰서 담으려는 오류를 지적할 때 많이 씁니다.

평균적이라는 의미를 자기 나름대로 해석하고 그릇된 방향으로 사용하여 좋지 않은 결과를 불러오는 경우는 여러 예를 어렵지 않게 찾아 볼 수 있습니다. 잘못된 평균화의 예를 보여주겠습니다. 착각하면 곤란합니다.

다음 자료는 A, B 두 집단의 조직원의 난폭성을 성적으로 나타낸 도수분포표입니다. 몹쓸 놈들입니다.

<table>
<tr><th colspan="2">집단 A</th><th colspan="2">집단 B</th></tr>
<tr><th>난폭성</th><th>명수</th><th>난폭성</th><th>명수</th></tr>
<tr><td>50</td><td>2</td><td>50</td><td>3</td></tr>
<tr><td>60</td><td>3</td><td>60</td><td>4</td></tr>
<tr><td>70</td><td>13</td><td>70</td><td>10</td></tr>
<tr><td>80</td><td>14</td><td>80</td><td>12</td></tr>
<tr><td>90</td><td>7</td><td>90</td><td>15</td></tr>
<tr><td>100</td><td>1</td><td>100</td><td>6</td></tr>
<tr><td>합계</td><td>40</td><td>합계</td><td>50</td></tr>
</table>

집단 A의 평균을 난폭함의 '난' 자를 따서 난$_A$, 집단 B의 평균을 난$_B$라고 하겠습니다.

$$난_A = \frac{1}{40}(50 \times 2 + 60 \times 3 + 70 \times 13 + 80 \times 14 + 90 \times 7 + 100 \times 1) = 76$$

$$난_B = \frac{1}{50}(50 \times 3 + 60 \times 4 + 70 \times 10 + 80 \times 12 + 90 \times 15 + 100 \times 6) = 80$$

여기서 전체 평균을 $난 = \dfrac{난_A + 난_B}{2} = \dfrac{76 + 80}{2} = 78$이라고 계산을 했다면 과연 옳은 결과일까요? 옆에 있던 박군, "그런 거 저에게는 제발 묻지 마세요"라고 마치 원빈 표정처럼 말하는군요.

"짜증~~나."

맞는지 틀렸는지 확인하기 위하여 두 집단의 도수를 합쳐 하나의 도수분포표를 만들어 보겠습니다.

난폭성	명수
50	5
60	7
70	23
80	26
90	22
100	7
합계	90

피어슨이 들려주는 두 집단의 비교 이야기

전체 도수분포에서 평균을 구해 봅니다.

$$난 = \frac{1}{90}(50 \times 5 + 60 \times 7 + 70 \times 23 + 80 \times 26 + 90 \times 22 + 100 \times 7)$$

$$= 78.2222\cdots$$

따라서 위의 전체평균을 $난 = \frac{난_A + 난_B}{2} = \frac{76 + 80}{2} = 78$로 잡은 것은 잘못된 결과임이 드러났습니다. 옆에 있던 박군이 자기가 보기에도 그런 것 같았다고 합니다. 여러분은 박군 말이 사실 같습니까? 이제 내가 "참말 같아?" 하면서 원빈 표정을 짓습니다.

40과 50명처럼 도수명수를 말합니다의 합이 다른 두 집단에서 각각의 평균을 구한 후, 두 평균의 산술평균 $\frac{난_A + 난_B}{2}$는 실제의 전체 평균과는 다소 차이가 있습니다. 따라서 각 집단의 도수의 합이 다를 경우에는 계급값에 따라 각 집단의 도수를 가지고 전체 도수분포를 위처럼 작성하여 전체 평균을 구합니다. 아니면 전체 평균은 $\frac{1}{합_A + 합_B}(난_A \times 합_A + 난_B \times 합_B)$로 구할 수 있습니다.

여기서 $난_A$는 집단 A의 평균이고 $난_B$는 집단 B의 평균입니다.

합$_A$는 집단 A의 도수의 합이고 합$_B$는 집단 B의 도수의 합입니다. 도수는 앞에서도 말했듯이 명수를 말합니다.

$$\frac{1}{합_A + 합_B} (난_A \times 합_A + 난_B \times 합_B) = \frac{1}{90} (76 \times 40 + 80 \times 50)$$
$$= 78.2222 \cdots$$

자, 박군과 여러분, 이것으로 모든 수업은 마쳤습니다. 하지만 책을 읽다 보면 마지막에서는 교장 선생님 훈시처럼 좋은 말을 꼭하게 됩니다. 잠시 내가 전하는 말을 하고 모두 마칠 건데 미리 잘 사람은 자도 좋습니다.

오늘날 우리가 살고 있는 정보화 사회에서는 정확한 예측과 신속한 의사 결정이 성공의 관건이 됩니다. 때문에 수많은 정보를 바르게 처리하고 이용하는 통계적 지식이 절실히 필요합니다. 아이 하나가 잠이 들었습니다.

실험, 측정, 여론 조사 등을 통하여 수집된 자료들을 분석하여 전체 집단의 성질을 파악하는 과학적 이론을 기술 통계학이라고 합니다. 또 한명의 아이가 잠이 듭니다. 지금 내가 하는 말에는 수면제가 다량으로 들어 있습니다. 하지만 의사의 처방전을 받은 말들입니다. 자료의 수집, 정리, 도표화, 전체를 대표할 수치, 변동의 크기 등을 주로 다룹니다.

어떤 집단에 속하는 변량 전체를 대표하여 하나의 수치로 나타낼 때, 이 수를 대푯값이라고 합니다. 대푯값으로 가장 흔히 쓰이는 것이 평균입니다. 이제 박군마저 잠이 듭니다.

평균만으로는 집단의 전체적인 양상을 파악하기 어렵습니다. 그래서 그 집단의 수치적인 정보의 흩어진 정도를 알아보려고 산포도를 이용합니다. 이 산포도로 널리 쓰이는 것은 자료들의 평균값과의 차이인 편차를 제곱하여 평균을 구하는 분산과 표준편차들이…… 그때 나도 이렇게 잠이 듭니다. 안녕…….

아홉 번째 수업 정리

한 집단을 이루는 수나 양을 대표하는 하나의 수로써 평균을 알아 보았습니다.